冶金工业出版社

高职高专"十四五"规划教材

现代农机装备检测技术

主　编　杨　健　张海燕

副主编　林　忠　孙东华　雷　进

　　　　杨欣伦　杨　涛　邵新忠

　　　　刘　昕

U0314686

北　京

冶金工业出版社

2024

内 容 提 要

本书共分6章,主要内容包括:农业装备智能控制系统发展概述,拖拉机检修技术,农机电气系统,农机启动系统,农机照明、信号、仪表报警系统,常见农用机械维修。

本书可作为高职高专农林类专业教材,也可供农机专业技术人员阅读,并可作为相关专业技能培训教材。

图书在版编目(CIP)数据

现代农机装备检测技术/杨健,张海燕主编. --北京:冶金工业出版社,2024.5

高职高专"十四五"规划教材

ISBN 978-7-5024-9855-9

Ⅰ.①现… Ⅱ.①杨… ②张… Ⅲ.①农业机械—检测—高等职业教育—教材 Ⅳ.①S220.7

中国国家版本馆 CIP 数据核字(2024)第 086512 号

现代农机装备检测技术

出版发行	冶金工业出版社		**电 话**	(010)64027926
地 址	北京市东城区嵩祝院北巷39号		**邮 编**	100009
网 址	www.mip1953.com		**电子信箱**	service@mip1953.com

责任编辑 刘林烨 美术编辑 吕欣童 版式设计 郑小利
责任校对 李欣雨 责任印制 窦 唯
三河市双峰印刷装订有限公司印刷
2024年5月第1版,2024年5月第1次印刷
787mm×1092mm 1/16;10.5印张;253千字;162页
定价 49.00 元

投稿电话 (010)64027932 投稿信箱 tougao@cnmip.com.cn
营销中心电话 (010)64044283
冶金工业出版社天猫旗舰店 yjgycbs.tmall.com
(本书如有印装质量问题,本社营销中心负责退换)

前　言

在农业现代化的浪潮中，农机装备发挥着举足轻重的作用。随着科技的进步，现代农机装备不断升级，智能化、自动化程度日益提高，为农业生产带来了革命性的变革。然而，农机装备的高效运行离不开科学的维护与检修，为此作者编写了本书。旨在为广大农机维修人员、农机使用者以及农业技术人员提供一本全面、实用的检修技术读本。

本书首先概述了农业装备智能控制系统的发展，帮助读者了解现代农机装备的技术背景和发展趋势，然后详细介绍了拖拉机的检修技术，包括拖拉机的结构、工作原理以及常见故障的诊断与处理方法。这些内容是农机维修人员必须掌握的基本知识。

在农机电气系统部分，本书除了介绍农机电气系统的基本组成和功能外，重点讲解了蓄电池的检修、交流发电机的维护与保养等实用技术。这些内容对于保障农机电气系统的稳定运行至关重要。

另外，本书还针对农机启动系统、农机照明、信号、仪表报警系统等关键部件的检修进行了详细介绍。这些系统虽然看似细小，但一旦发生故障，往往会影响到整个农机装备的正常运行。因此，掌握这些系统的检修技术对于确保农机装备的安全、高效运行具有重要意义。

最后，本书还总结了常见农用机械的维修方法，包括农用机械的故障诊断、维修流程以及维修注意事项等。这些内容对于提高农机维修人员的技能水平、降低维修成本、延长农机使用寿命具有积极的促进作用。

在本书编写过程中，力求内容准确、实用，注重理论与实践相结合，并参考了有关文献资料，在此向文献资料作者表示感谢。

由于编者水平所限，书中不妥之处，敬请广大读者批评指正。

编　者
2023 年 10 月

目 录

第一章 农业装备智能控制系统发展概述

第一节 农业装备产业发展现状与趋势

一、国外农业装备产业发展现状与趋势

近年来，随着全球工业化进程快速推进，农产品和农业劳动力价格不断攀升，全球农机工业总体呈现稳定增长态势，工业总产值一直逐年增长。2008 年金融危机爆发之前，全球农机工业总产值达 700 亿欧元，同比增长 14.25%，创历史新高。2009 年，受金融危机影响，全球农机工业总产值开始下滑，同比下降 11.42%，下降到 620 亿欧元。但由于刚性需求的存在和区域性新兴市场的快速发展，经过 2009 年短暂下滑后，2010 年，全球农机工业总产值同比增长 9.6%，达到 680 亿欧元，开始复苏。2011 年，全球农机工业总产值实现 17.6% 的增长，达到 800 亿欧元，2012 年，全球农机工业总产值为 860 亿欧元，2013 年，全球农机工业总产值约 960 亿欧元。其中，中国、巴西和印度等区域性新兴市场贡献最大，而欧美的农业机械发达国家基本保持更新换代的稳定发展态势。

近十几年来，随着国际农机市场的竞争日益加剧，国际农机企业的集中度大为提高，曾经在行业中如灿烂群星交相辉映的国外知名农机品牌，大多已归入几个大型跨国集团或公司的旗下。目前世界最著名的三大跨国农机企业集团，约翰迪尔公司、凯斯纽荷兰（CNH）公司和爱科公司（ACCO）通过不断的兼并、联合、重组使其逐步发展壮大；德国科乐收（CLAAS）公司、意大利阿尔戈（Argo）以及赛迈道依茨-法尔（Same Deutz-Fahr）公司等通过核心业务的联合重组也保持了核心竞争优势，成为世界领先企业；日本久保田公司、井关公司和洋马公司，韩国大同公司和国际公司，白俄罗斯的农机公司等企业坚持立足本土优势，在专业化公司领域保持了核心优势，成为历久弥新的国际知名企业。

目前，国外著名的农机企业及其销售收入主要有：年销售收入在百亿美元的约翰迪尔公司和凯斯纽荷兰公司，年销售收入在几十亿美元的爱科公司、久保田公司和科乐收公司，年销售收入在几亿美元的赛迈道依茨-法尔公司、库恩公司、格兰公司，以及日本、韩国、俄罗斯、印度等国的其他农机企业。

这些大型跨国企业集团的特点为：一是市场占有率高，拖拉机市场占有率达 66%，联合收割机市场占有率在 80% 以上；二是农机产品涵盖面广；三是销售收入高，国际上规模最大的农机集团约翰迪尔公司，2010 年的总销售收入达到 280 亿美元，相当于我国规模以上农机企业工业总产值的半壁江山；四是科研投入比例大，且逐年递增；五是建立了全球化的销售网络和生产基地，且在具有标志性的拖拉机和联合收割机方面以及田间作业的播种、牧草收获、植保等警用装备方面瞄准全球化市场；六是先进制造技术广泛应用，数字化设计、数控化制造、在线检测、信息控制等全面提升了装备的智能水平。

发达国家的农机产品经过两个多世纪的发展，不仅品种覆盖面广，而且质量精良，技

术水平越来越高，从根本上改变了人类农业生产方式。农机技术不断融合现代液压、仪器与控制、现代微电子和信息等高新技术，并向着大型化、高效、多功能、复式联合作业、信息化、智能化方向快速发展，广泛采用先进设计制造手段，并注重节能与环保。

发达国家农业装备产业的发展呈现如下特点。

（一）走向大型化和高效化

欧美等地区的发达国家追求规模效益，带动农业机械步入大功率、大型化和高效化方向发展。在拖拉机方面，最大功率和最高行驶速度继续提高。约翰迪尔公司的 JD9620 轮式拖拉机与 J19620 橡胶履带拖拉机功率均达到 3.73 kW，轮式拖拉机最高行驶速度达到 68 km/h，最显著的进步是田间作业速度一般都达到 14 km/h 以上。在收获机械方面，谷物联合收割机配套功率大多在 110.25 kW 以上，配置在 4 m 以上，最大可以达到 10 m，最大喂入量达到 10 kg/s，宽幅收获，满足大规模农田的高效机械化收获作业，充分体现了机械的作业效率。

（二）走向多用途、多功能复合

为适应农业多样性，环境多变性，经济多层次性，全方位满足不同用户的个性化需求，世界各国都在不断研究新技术、开发新产品，建立以标准化、通用化为基础的产品设计、开发、系列化体系，力求产品的多功能、多品种、多型号生产和零部件的通用、互换。推动这一发展的因素，首先，液压技术的发展，通过对液压系统的合理设计，使得工作装置能够完成空间多位、多种复杂作业功能；其次，快速可更换连接装置的诞生，安装在工作装置上的液压快速可更换连接器，能够在作业现场完成各种附属作业装置的快捷装卸；最后，液压软管的自动连接，使得更换附属作业装置的操作可在驾驶室通过操纵手柄快速完成。产品多用途、多功能复合，是在标准化和通用化基础上，产品制造商应对市场需求小批量、多品种、多功能等趋势的必然选择，实现产品功能结构用户定制、生产过程柔性选装，正在从企业竞争的优势技术转变为一种企业竞争的必备技术。

（三）走向复式和联合作业

复式作业是将几道工序合并到一种农机具上，通过一次作业完成，以充分利用功率、减少油耗、节约劳动时间、减少对土壤的压实。过去常见的是旋耕、施肥、播种一体的复式作业农机具。现在的新发展为：一是适应保护性耕作的要求，生产出免耕深松、灭茬、施肥、播种一次完成的农机具；二是兼顾气吸（吹）式精密播种、施肥等高性能作业农机具的要求，将多种高性能农机具前后挂接，进行联合作业。例如，约翰迪尔公司系列气力式精密播种机，采用大直面圆盘或波纹圆盘开沟、施肥、播种、镇压一体化作业；采用气流输送与外配技术，实现大功率播种农机具的肥料和种子多通道均匀分配，克服机械分配难以实现高效宽幅的难点；采用卫星定位系统、地理信息系统、专家智能系统和遥感作业质量检测技术相融合的高新技术，可根据地理变化实时播种，并提高作业质量。

（四）实现各生产环节全面机械化和多样化

随着农业生产现代化的发展，农业生产各环节和不同作物都要实现机械化，所需要的装备品种数量大为增加。例如，水稻的全程机械化需要水田耕整、育秧、插秧、田间管理、收获、干燥、储存、运输等机械来保证；牧草机械从耕整、播种、收割、翻晒、捡拾、压捆、装卸、运输、烘干需要成套的装备来实现。不同的粮食作物、经济作物、果蔬作物、牧草作物，都需要不同的装备去实现机械化。农业机械的多样化可以满足不同作物从种子加工、苗床整备、播种、田间管理、收获、产后加工、秸秆综合利用的全过程的多种需求。

（五）走向控制智能化、操作自动化和作业精细化

随着计算机和电控、信息技术的突飞猛进，农业机械也向高度自动化、智能化方向发展。电子技术应用完成了从监控系统向智能控制的过渡，大型农业机械采用中央处理、总线技术，对农业机械进行智能化控制。田间自动导航系统、机器视觉系统等精准农业机械研究成果已开始应用，实现了农业机械作业的高效率、高质量、低成本，并提高了操作者的舒适性与安全性。激光控制平地技术、全球卫星定位系统（GPS）和产量传感器的应用，为获得质量较高产品的栽培决策提供依据，精确指导耕种、施肥和植保用药。

（六）广泛采用先进设计与制造手段

发达国家农业机械的生产和制造已经从过去传统的制造方式转向现代制造方法，产品的数字化设计技术、数控加工技术、柔性生产线、各种工业机器人已大量运用于实际生产中；企业已经建立了完整的信息化管理系统，先进的生产管理技术也已都应用到生产实际中；采用现代产品开发技术，注重产品的创新设计，缩短产品的设计周期；可靠性预定寿命技术已应用于产品设计中，立足基础数据，等价设计产品寿命；柔性生产工艺将更适应于批量小、品种多、质量高的要求，生产柔性更大，效率更高；生产过程在线质量检查技术全面应用，可确保全程质量，全生命周期的质量要求更为普遍。

二、国内农业装备产业发展现状与趋势

我国农业装备产业经过近半个世纪的发展，逐步建立起了较完备的产业体系，为国家粮食安全和现代农业发展作出了积极贡献。特别是进入 21 世纪以来，我国经济社会稳定，发展迅速，农村城镇化进程加快推进，农村内需市场拉动能力强劲，尤其是受益于国家系列强农惠农富农和科技支持政策的实施，我国农机工业保持了持续增长态势。2010 年农机工业规模企业总产值 2838 亿元，同比增长 25%，实现了连续 10 年 20% 以上的速度增长，成为机械工业增长最快、最具活力的产业，主要总量指标已经位于世界前列，成为世界农机制造大国。按照统计结果显示，2012 年我国规模以上（指产值 2000 万元以上）农机企业的工业总产值已达 3115 亿元，同比增长 19.41%。

党的十八大提出统筹工业化、信息化、城镇化和农业现代化发展，我国农业装备产业进入了加快发展的战略机遇期。"十二五"期间，围绕贯彻落实国家中长期科技规划纲要，科学技术部、农业农村部、工业和信息化部等加大对农业装备产业科技创新的支持，科学技术部公布的《国家"十二五"科学和技术发展规划》把多功能农业装备作为现代农业创新重点，并组织实施了农业装备产业科技重点专项；农业农村部颁布了《农业科技发展"十二五"规划》，全力推进农机农艺融合、促进农机装备应用；工业和信息化部

颁布了《农机工业"十二五"发展规划》，引导农机制造产业健康发展；许多地方结合当地农业发展和农业装备产业发展，加大对区域性应用农机装备研发及推广应用的支持。农业装备产业科技发展进入全面发展的新阶段，农业装备产业科技支撑作用进一步呈现，有力地推进了产业有质量发展和核心竞争力提升。"十二五"期间，围绕转变农业发展方式和促进可持续发展，培育战略性新兴产业，支撑产业跨越升级的战略需求，农业装备产业科技发展以农业劳动生产率、土地产出率和资源利用率为目标，按照"增加品种、完善功能、扩展领域、提升水平"的思路，统筹节能环保、多功能、智能化、经济型等要求，并拓展延伸农业装备产业创新链，国家科技计划投入4.78亿元，引导企业等投入3.57亿元，组织行业及相关领域300多家优势单位、2300多位科研人员，实施了国家科技支撑计划"现代多功能农机装备制造关键技术研究"重大项目、"农业与食品行业制造与自动化生产线关键技术与示范"重点项目、"大田作物机械化生产关键技术研究与示范"重点项目，以及国家"863"计划"智能化农机技术与装备"重大项目、"农业精准作业技术与装备"项目、"智能化植物工厂生产技术研究"项目、"现代农业智能感知技术与产品"项目等主题项目，支撑实现增产增效并重、良种良法配套、农机农艺结合、生产生态协调，推进现代农业产业链发展。通过项目引导，强化国家农业装备产业技术创新战略联盟支撑，推进建设农业装备国家重大创新基地，实施农业装备产业技术创新工程的战略，培育若干具有较强国际竞争力的创新型企业集团及产业集群，建成协调有效的自主创新平台，完善以企业为主体、市场为导向、产学研相结合的农业装备产业技术创新体系，推进实现产业有质量持续增长。

当前，农业装备产业科技进入全面发展新阶段。在先进制造与智能化技术、高性能拖拉机与多功能作业农机具等核心关键技术突破，以及轻便作业、水肥药精确施用、环控农业、产地商品化处理及现代畜牧业福利养殖等装备创新开发等方面取得了阶段性进展，基本构建形成了三大粮食作物和瓜茄类蔬菜从种子、种植生长过程、保质采收、产后加工的生产装备智能技术及体系，解决高品质规模化制种、高质量秧苗规模化生产、精量播种与精细管理、高效低损收获、保值增值分选等制约现代农业生产的智能化难题，为智能化前沿和基础技术、大型农业装备重大关键共性技术以及高端及新型农业装备新产品创制奠定了坚实基础。

目前，我国农业装备产业取得了以下进展，具有以下特点。

（1）初步突破了农机装备数字化设计、制造工艺、自动化生产线等先进制造技术，提升农机装备先进制造能力。研究突破了基于知识工程的通用部件数字化快速设计方法、典型载荷谱、环境谱和可靠性设计技术，通用零部件的虚拟装配、虚拟试验和可靠性评价技术；研究突破了关键部件新型材料多元多相强化技术、复杂部件整体化无模快速精益制造技术以及精确控制热处理技术等关键技术；着力突破关键零部件组配、焊接、物流等自动化生产线技术。

（2）突破了大田作物高效栽插、精密播种与高效分离清选技术等一批制约增产增效的原理性技术，为后续研究奠定了坚实基础，相关技术突破将有力支撑粮食作物田间生产装备技术升级。针对具有显著增产效果的移栽作业高速、准确与精量播种以及大型高效、多功能联合收获与智能控制技术发展要求，重点开展了超级稻少量精播成毯育秧与精准插秧、低损伤稻芽谷排种器与精量穴直播垄植深肥润灌栽培技术以及玉米种子定向播种技术研究，破解大型联合收获机械割台微地貌仿形、大喂入量脱粒分离清选以及大型自走式农机自动化驾驶与智能控制技术难题，满足高速移栽作业、准确与精量播种以及基于智能控制的大型高效多功能联合收获发展要求，显著提高大田作物生产智能化水平，适应现代农业发展要求。

（3）田间作业智能控制及农业机器人技术研究取得新进展，提升国产农机装备技术档次。重点突破网络差外、多源信息融合、协同导航作业技术；水田作业的适应性技术、反馈式控制技术；农田环境下土壤养分与作物苗草、茶、果实信息获取、远程智能化监控等智能感知与控制技术；农田机器人多传感器融合、视觉伺服控制、复杂环境运动规划、机械臂避障控制、多作业载荷集成等技术；农田超低空自动跟踪仿形无人机飞行精确控制、施药作业适应航迹规划等技术，以智能化技术为引领的田间作业智能控制关键技术装备及农业机器人等智能装备，提升国产农机装备技术档次。目前，集成自动导航技术的拖拉机、联合收割机、插秧机在新疆、黑龙江、上海等地进行了示范应用。

（4）400 hp（1 hp＝745.7 W）级高性能拖拉机动力平台及配套。复式作业技术装备的开发，将逐步改变长期依赖进口、受制于人的局面。重点突破了400 hp级动力平台电液控制的无级变速传动系统（CVT）、重载大传动比行星传动、基于CANBUS总线的数字仪表技术等拖拉机技术，以及种肥集中输送分层施播、精确播种、变量施肥、宽幅折叠、液压仿形、脱附减阻、工作部件耐磨等大型、多功能配套农机具关键技术，研究水平达到与国际同步。

（5）大型高效联合收获技术及装备研究实现了突破，提高了农机装备产品技术档次和产品供给能力。重点突破了大型稻麦联合收获机静液压驱动底盘、大喂入量脱粒分离、高效清选、割台折叠与智能监测及整机作业质量检测技术；玉米茎穗兼收、籽粒直收及秸秆切碎、压实成型与裹包一体化等技术；大型采棉机的采棉指、座管等核心部件制造工艺及材料延寿技术、采棉成模一体化技术，延伸开发的三行普及型采棉机已在黄河棉区的东营等地的种棉农户试验示范；加工番茄收获机的果实成熟度色选分级、气流去杂、振动去土、果实收集、枝叶果实自动分离等技术，以及甘蔗、甜菜、瓜菜等高效收获机械技术，提高农业机械装备产品技术档次和产品供给能力，农业生产全程装备保障能力。

（6）轻便型、轻简化农机技术装备，为丘陵山地主要农作物、林果经济型作业提供技术装备支撑。重点突破了作物联合收获机械轻量化技术、山地货运技术、小型履带多功能底盘的爬坡与稳定性技术，开发了小型水稻、小麦、玉米收割机及山地货运系统，可进一步解决丘陵山地开沟施肥、喷药、修剪、采运等人工作业强度大、效率低的难题。

（7）研究突破大宗优势农产品成套智能分选与节能加工技术，为产后保值增值提供高技术支撑。突破小麦、玉米、水稻等大田种子、蔬菜种子的种子精细选别关键技术，满足我国高品质种子规模化生产技术要求；突破基于可见光、近红外光复合、激光诱导的稻米、茶叶、瓜类等大宗农产品智能光电分选技术及装备，可满足大宗农产品规模化分选加工生产要求，提高农产品品质、安全性、商品附加值。

三、国内农业装备产业发展差距

通过以上分析研究，可以看出我国农业装备产业在"十二五"期间取得了长足的进步，但是与国外发达国家相比，还存在以下差距。

（一）农机动力技术方面

批量自主产权产品覆盖功率上限仅为 132.4 kW。变速器技术采用有级式机械传动，啮合套或同步器换挡；离合器采用独立或半独立操纵的双作用式，负载换挡湿式离合器及湿式动力输出轴（PTO）离合器尚在研究之中。中央传动和最终传动普遍应用机械式差速锁与单级行星减速机构。电气、液压控制技术方面，总线控制技术刚开展应用研究，普遍仍沿用单元控制系统。拖拉机常规参数，如发动机转速、机油压力和温度燃油量、电压等以独立仪表显示，作业面积、作业效率及工作时间，特别是挂载农具的操控技术基本没有应用。缺乏前驱动、差速锁和 PTO 自动控制功能，迫切需要开发可实现其电液操纵和自动控制的装置。

（二）种床整备技术方面

我国从 20 世纪 50 年代中期开始研究，并于 20 世纪 70 年代提出了深松耕作法，进入 20 世纪 90 年代相继出现了翻耙联合、松耙联合、松旋联合及灭茬深松起垄联合的复式耕作农机具，但是同发达国家相比在为大功率拖拉机配套的联合整地机械方面差距还很大，主要是工作宽较小、工作部件材料不配套。大型联合耕耘机应用也非常少，而且主要从国外进口，价格非常昂贵，此外部件磨损后配件购置更换困难。高速作业犁一直以进口为主。

（三）精密播种技术方面

我国从 20 世纪 70 年代初开始研究和开发精密播种机械，主要是半精量播种。从 20 世纪 80 年代起，开始研究单粒精播，主要研制精密排种器。进入 20 世纪 90 年代，随着国外不同类型精密播种机的相继引进，新型播种机和不同类型的排种器不断出现，精密播种的优越性得到了充分的体现。由于速度原因，机械式精密排种器的发展受到一定的限制，而气力式精密播种器对种子尺寸要求不严格、不伤种、通用性好、具备高速作业的性能、能满足为大功率拖拉机配套和宽幅作业的要求，因此气力式精密播种机的发展前景很好，是国内外各大农机企业都在竞相发展的技术。国内主要问题是播种精度低，缺少电子监控装置，宽幅气力种子精确输送技术刚刚开始研究，同国外先进播种机相比，技术存在较大差距。

（四）免耕播种技术方面

目前国内生产大型小麦免耕播种机的企业为数不多，基本上是给中功率以下拖拉机配套使用的悬挂式机型。用于小麦的少、免耕播种机基本上有三种类型：第一种是 3 行、6 行、9 行、12 行小麦免耕测深施肥播种机，箭铲式开沟种肥混施，主要问题是秸秆覆盖通过不畅、易堵塞，严重影响作业质量；第二种是带状旋耕播种机，大小垄种植，化肥能播施到种子下面，出苗整齐，主要问题是作业扰动土量大，旋耕刀具磨损快，易断裂损伤，动力消耗大；第三种以中国农业机械化科学研究院和黑龙江北大荒农机有限公司开发的与 88.3 kW（约 120 ps）拖拉机配套的条播作物免耕播种机为代表，其采用圆盘式开沟，目前最大行数达到 48 行，施肥、播种、镇压一次完成。在完成农业新技术要求的大型免耕深施肥播种机方面，性能优良、使用可靠的机型国内还是空白。尤其是配套的波纹圆盘等各类型圆盘开沟器，需要从结构形状与土壤质地构型变化、材料与成型、热处理工艺上深化研究。

（五）田间管理技术方面

与国外先进农机具相比，我国生产、使用的中耕、施肥等田间管理农机具功能单一，机型小，技术性能落后；管理国内现有的田间管理机械均采用拖拉机为动力，无法进行农作物生长中后期田间作业；缺乏中后苗期通用型底盘，致使田间管理流于粗放，无法满足现代农业生产对田间管理机械高效、精确、安全、可靠的使用要求。单一功能的苗期田间管理农机具完成整套流程需要多次进地，对土壤破坏较大，同时农机具耗费的燃油量大，不符合国家节能减排的政策。遵循田间管理作业装备开发平台化的国际技术发展趋势，中国农业机械化科学研究院已对具有多项作业装置搭载、集成能力的可变地隙/轮距动力机械技术进行了初步研究，迫切需要形成大、中、小型相配套，通用型和专用型相结合，适合我国农业生产特点的现代田间管理机械体系，满足作物不同的作业需要。国内中耕除草机工作部件多为单翼铲或者双翼铲，也有圆盘式的除草机，对于滚切式除草机械国内尚无成熟的机型。各类中耕机多数采用的是从动型工作部件，可完成松土、除草等作业，这类机械结构简单，在土壤较好的条件下可满足农艺要求，但对于杂草过多的地区，黏、重板结的土壤，作业效果不理想。

（六）收获技术方面

国内普遍应用的小麦收获技术还是沿用20世纪80年代开发的一型机技术，与国外相比，配套功率小，一般为51.48~66.19 kW（70~90 ps），喂入量低；水稻联合收割机配用动力为36.77~47.81 kW（50~65 ps），割幅1.8~2.5 m，最高喂入量达到2.5 kg/s。自走式联合收割机目前还没有投入大批量生产，从研制的机型看多为3行或4行，配套动力在73.5 kW（100 ps）左右。国内使用的谷物全喂入联合收割机主要以机械装置为主，辅以电子和液压装置，操作系统主要是手动，智能化装置很少；发达国家产品在各工作部位实现了监控、显示和报警，适应性强，避免故障发生，保证机器正常作业，而国内绝大多数机器没有此功能，仅少数机型设计有手动脱粒间隙调节装置。

纵观发达国家农业机械的制造条件和能力、技术性能、产品效能、作业应用等现实，明显地看出，我国农业机械不仅是在适应发展的提升速度较慢、集成技术应用上存在差距，而且在智能化、信息化等方面技术应用差距尤为明显。

第二节　农业装备智能控制系统发展现状与趋势

农业装备智能控制系统是智能化农业装备的核心，可对农业生产过程进行精确管理与控制，对产量、土壤、作物长势等农业信息进行在线监测和对作业参数进行准确控制，同时对发动机性能、能耗状况等农机系统状态进行实时在线监测或故障诊断，以减少农业生产过程中的损失及提高生产效率。

国外农业装备智能控制系统的应用主要分为三个方面。

一、动力机械的智能化

动力机械的智能化包括农用拖拉机、大型自走式农机的行走、操控、人机工程等方面。利用卫星定位导航、图像识别技术、计算机总线通信技术等来提高机器的操控性、机动性和人员舒适性。传统驾驶室中的仪表盘正由电子监视仪表取代，并逐步由单一参数显示方式向智能化信息显示终端过渡，从而大大改善了人机交互界面。操作者可通过屏幕菜单任意选择显示机组不同部分的终端信息，调用数据库信息，显示数据、图像、语音等多媒体信息。

二、工作机械的智能化

工作机械的智能化包括播种机、施肥机、整地机械、田间管理机等作业机械的智能化，如激光平地、变量施肥喷药等农机具作业的状态监控、故障报警等，可提高效率、节约化肥、农药和水资源，降低成本，保护生态环境，减少土壤及动植物遭受污染。装有产量传感器等部件的谷物收获机，可以自动计算累计产量，再根据作业幅宽换算为对应时间间隔内作业面积的单位产量，从而获得对应小区的空间地理位置数据和小区产量数据。变量施肥机主要用于变量施肥，通过电子地图提供的处方信息，对地块中的肥料撒施量进行定位控制调整。美国仪器装配公司生产的施肥系统可进行干式或液态肥料的撒施，它通过电子地图内储存的数据库处方，可同时分别调整磷肥、钾肥和石灰的施用量。

三、农机具管理智能化

农机具管理智能化包括农机具配置、农机具状态、实时调度的智能化。欧洲一些大农场，已开始运用农场办公室计算机与移动作业机械间无线数据交换的管理信息系统，这可以使农场管理调度中心的计算机直接调用各个田间作业机械智能终端的作业数据，存入农场计算机的数据库。由于农场计算机具有比移动作业机更强大的信息存储、处理功能、专家知识库和管理决策支持系统，通过计算机处理，可制订详细的农事操作方案和导航作业计划，再通过无线通信将数据传回到田间移动作业机。

对于不同类型的农业装备，智能控制系统的应用现状和趋势也有不同，具体如下。

（一）拖拉机

随着电子及信息技术的迅速发展，微电子和微机技术在国外农业机械上得到了越来越广泛的应用，拖拉机性能监测、显示及数据处理、液压悬挂调节控制、变速箱及传动系控制等方面，出现了越来越多的电子设备和控制系统，使农机产品的功能和性能得到了很大提高。例如，拖拉机上的电子控制系统由最初简单的液压悬挂系统电液控制发展成为发动机控制、动力换挡系统、前驱动桥控制、前后桥差速锁、前后动力输出轴、离合器、电控负荷传感液压系统、农具辅助操纵系统及无级变速传动系统、主动/半主动悬架系统、轮胎气压自动调节、机器视觉、卫星定位导航及精准农业配套变量投放控制等的集成控制。可以说电子控制技术也已经贯穿整个作业机组，并与农业生产的全过程相联系，由最初的在各个部件上实现独立功能向以采用标准化通信协议为核心的网络化分布式控制技术发展，与拖拉机控制技术相融合。

以全球卫星定位系统（GPS）、地理信息系统（CIS）、卫星遥控系统（RS）及机器视觉技术等为代表的高新技术在大中型拖拉机上的应用将是今后一段时间的主要发展方向，无人驾驶拖拉机陆续问世。英国 Siloe 研究中心研制的机器视觉导航自动除草设备已经推出商业化产品，日本北海道大学与生物系特定产业技术研究推进机构（生研机构）联合研制的无人驾驶农业机械已实现了田间插秧和喷洒农药的自动操作。拖拉机将更为广泛地采用计算机技术，实现作业自动监视与报警、自动控制、自动监测主要工作部件故障、自动记录和自动排除故障等。

（二）收获机械

在谷物联合收割机上，一般装有以下装置。

1. 全球卫星定位系统（GPS）

可在全球范围内使用，根据用户要求提供多种信息服务。在欧洲和美国等国家和地区某些大型谷物联合收割机、采棉机及大型青饲作物收割机上都有卫星定位系统，使机器更加高效可靠地进行收获作业。

2. 产量、含水率等的监测装置

在大中型谷物联合收割机上，装有产量和水分测试传感器，测量收获作业中的作物亩产量、含水率。根据测出的作物产量高低、含水率多少，驾驶员对机器的前进速度和喂入量的大小作出选择，并使机器始终保持正常作业。

3. 籽粒损失监测装置

随时监测出联合收割机在作业中籽粒的损失情况，驾驶员根据监测到的情况，将采取不同措施。

4. 工作小时数和收获亩数的测试系统

在联合收割机上装有测试机器的工作小时数和每天收获面积的装置，根据收获的时间和面积，驾驶员可了解该机的工作效率是否得到充分发挥，为今后提高工作效率提供参考。

5. 地理信息系统（GIS）

利用田间数据采集装置和计算机处理系统，将土地类型、地形、地貌、排灌状况等测出来，为联合收割机的收获作业提供土壤方面的情况，以便考虑收获作业中的通过性能。

6. 智能化控制技术

其主要应用在以下方面。

（1）割茬高度、自动对行的自动控制。可自动控制割茬高度，由于收割台可自动仿形，即使地面不平，也能保持留茬高度的一致性；可自动对行，在收获作业中能保证联合收割机始终全幅作业。

（2）拨禾轮转速、搅龙轴转速等的监控。在收获作业中，根据收获作物的生长状况，包括倒伏状况、作物自然高度、籽柄连接力、含水率等可自动调节拨禾轮转速，根据输送作物的多少，可随时调节搅龙转速。

（3）脱粒装置的监控。脱粒滚筒转速监控，脱粒部件是联合收割机的心脏，联合收割机工作情况和效率高低等均与该工作部件有关，所以实现脱粒滚筒转速监控非常必要。

（4）清选系统的监控。清选性能是影响联合收割机性能的重要因素之一。总损失率中，清选损失占40%左右，而籽粒含杂率多少取决于清选性能的好坏。

（5）二次回送装置的监控。二次回送物料中，短茎秆占绝大部分，往往造成堵塞，因此二次回送装置是联合收割机的故障多发区，实现二次回送搅笼监控，为整机正常可靠作业提供了条件。

（6）切碎装置的监控。因联合收割机脱粒后的茎秆比较长，如果直接抛到田间，则会影响下一季作物种植，所以脱粒后的茎秆必须切碎，才能达到还田要求。为保证切碎质量不产生堵塞等故障，在大中型联合收割机上都装有切移切碎监控装置。

（7）粮箱充满监控。大中型联合收割机粮箱都比较大，都设有装满粮箱的监控和报警装置，防止漏粮损失，保证及时卸粮，不影响机器的正常作业。

（8）前进速度监控。联合收割机前进速度的快慢直接影响到收获效率、作业性能和收获质量，所以前进速度监控能保证联合收割机在正常作业条件下，充分发挥作业效率。

（三）田间作业农机具

随着计算机和电控、信息技术的迅猛发展，大型复式作业装备也向高度自动化、智能化方向发展。电子技术的应用逐渐从监控功能向智能控制过渡，采用中央处理和总线技术，对农机具进行智能化控制。田间自动导航系统、机器视觉系统、激光控制平地技术等精准、先进技术的应用，使大型复式作业装备能够实现精准、高效、低功耗和精细化作业。如大型耕整地机械应用液压技术调整农机具的作业幅宽、耕作深度、部件作业偏角和倾角姿态等工作参数，应用电液联控技术变换作业与运输状态、调控仿形，提高作业质量。再如精量（密）播种机械利用卫星定位系统实现处方图基础上的变量播种、施肥。一般采用全电控液压马达变量施肥播种执行机构，反应速度快，只需3~5 s即可实现精确可靠的变量播种、施肥作业。另外，播种机生产厂可提供卫星纠偏、基站纠偏及WAAS纠偏等纠偏方式供用户选择，精度可达厘米级。而精密播种机智能监控系统不仅可以对不同作物、不同播量的排种器进行监控，而且可对漏播、重播分别进行声光报警、定量统计以及显示播种株距、漏播率、重播率和合格率等操作，也可根据需要把这些参数打印输出。

（四）植保机械

信息技术、智能化技术、计算机技术等高新技术已融合到植保机械技术中。航空遥感技术，用于农作物病虫害的监测，它可以通过接收作物反射光谱的变化，及时而准确地预报病虫害发生的时间、规模、品种。全球卫星定位系统技术，用于航化飞机、大型喷雾机等大面积作业的植保农机具的定位、导航、导向。欧美国家大多数大型植保机械都配有卫星定位系统接口和卫星定位系统接收器。有的农机具还有信号接收转换功能，可以把接收到的信号转换为农机具的操作指令，直接指挥农机具调整作业参数（如喷雾压力、喷量、行走速度、方向等），地理信息系统技术在病虫草害防治方面主要用于建立动态的地理信息资料库，这些资料与病虫草害的发生是息息相关的，如地理位置、地形、土壤类型、湿度、温度、降水量、日照天数等。运用计算机技术，通过对当时数据的采集及与库存标准资料的对比、分析，可以及时准确地对病虫草灾害提出预警。智能化技术是近几年才应用到植保机械上的一项高新技术。所谓智能化技术，就是让植保农机械具有识别能力，从而决定是否喷雾。初级的智能化技术只能判别靶标的有无；高级的不仅能判别标的有无，还能判别靶标的大小、形状和颜色，通过计算机的鉴别，进一步识别，从而做到真正意义上的对靶喷雾。据资料介绍，运用该项技术可节省农药 60%~70%。在欧美国家，计算机技术术已经普遍运用到植保机械上。据资料介绍，运用计算机技术的机具在作业时，一些主要的作业参数均可在计算机屏幕上显示。有的机型在作业前只要输入需要的参数值，在整个作业过程中，计算机就会不断提醒操作者减慢或加快行走速度，降低或提高转速等。

（五）节水灌溉机械

精准灌溉是为了适应集约化和规模化程度高的作物生产系统，由欧美各国率先提出的，主要特征是运用 3S 技术、信息技术等高新技术对现有的农业生产设备进行升级配套，提高农业生产的可控程度和稳定性，实现农业生产的智能化、精准化和数字化。"只给作物施肥喝水，而不是给土地"，这是以色列水肥使用管理的先进理念。其优点是：直接将水和营养送到作物根部，利于吸收；土壤蒸发率低，防止地表水土流失，深层渗透；更有效、准确地提供水与养分，植株获得等量的水和营养；实现农产品标准化的重要手段，按作物的生长与收获计划提供水与营养，提高产量和品质；系统操作简单，节水节肥又节约能源，同时节省大量劳动，降低生产成本；防止地表土壤侵蚀和盐碱化。计算机完成精密、可靠的实时控制，执行一系列操作程序。如果系统记录的水肥施用量与要求比有一定的偏差，系统会自动关闭灌溉装置，防止发生错误灌溉。这些系统中安装了可以帮助决定所需的灌溉间隔的传感器，可以随时监控地下的湿度信息。还有另外一种传感器，它能检测植物茎和果实的变化，来决定植物的灌溉间隔时间。各种传感器直接和计算机相连，需要灌溉时，自动控制仪器打开灌溉系统进行操作，灌溉系统的水量和施肥量由计算机控制，计算机能够通过流量、压力的变化识别输水管的泄漏和堵塞。

（六）农产品产地商品化加工机械

发达国家的水果采后商品化处理经历了人工清洗、打蜡、分级、包装和机械化清洗、打蜡、分选、包装流水线作业两个阶段，逐步向综合应用多波段图像处理、声学检测、近红外光谱检测、计算机程序控制技术的智能化精选、分级、包装阶段发展。产品主要有色泽、形状、大小、缺陷和重量等多重品质检测分选设备、基于近红外光谱的水果内部品质检测分选设备和基于声学检测的水果成熟度/硬度检测分选设备三大类高档设备。高新技术广泛应用，高新技术包括多波段图像处理技术、高光谱技术、声学检测技术、紫外技术、多相机同步检测技术、光电检测技术、自动控制技术、机器人技术以及电子技术等。

第三节　我国农业装备智能控制系统发展方向

根据中共中央、国务院和各部委制定的农业装备发展规划以及农业装备智能控制系统的发展现状和趋势，分析得到：我国要发展农业装备智能控制系统，需要重点突破基于总线的农业机械分布式控制理论和方法，建立农业机械总线控制结构体系，研究发动机、传动系、转向系统和作业机组工况与作业质量监控技术、农业装备自动导航技术、故障诊断技术、田间信息智能采集与自动识别技术、农田投入物变量施用技术、智能虚拟终端及其人机交互关系等，以拖拉机及其配套作业农机具、联合收割机、大型喷药机等为主要对象，研制基于总线技术的农业机械集成控制系统。重点方向如下。

一、智能监测关键技术及仪器

（一）农业传感器与仪器装置

研究植物生理传感器技术方法，动物行为模式识别与监测技术和多功能复合传感器技术。开发植物生理传感器、动物生理与行为监测装置、环境生态检测仪器和农机作业对象在线监测装置。

（二）农机专用传感器与仪器

重点研究农机与制造和工程设施开放工况下的运动参数、作业参数、操控参数、故障检测、制造质量检测等的获取技术和传感器、仪器。

（三）传感器网络与信息集成平台

研究传感器自组织网络技术，构建传感器网络与信息集成平台。研制无线网络化、智能化土壤墒情、病害识别、作物长势等系列传感器与监测装备。开发低成本的无线传感器网络系统，对农田和作物实现网络化监测监控。

二、智能控制技术系统与设备

（一）与作业对象有关的智能作业在线传感器技术及控制系统

研究作物冠层叶面及病害信息的在线实时获取、作物养分含量分析、果实品质检测分析、与作物生长模型匹配的水、肥、药等需求的实时分析及变量投入控制技术。研究田间杂草实时自动光谱识别方法，建立杂草与喷药量之间的数学模型，研制基于光谱实时探测的智能化施药控制装备。研究土壤水分、养分等的检测技术与仪器，构建智能在线检测系统。研究动物生理生态、疫病监控、产量与品质检测等在线监测技术，构建动物健康饲养智能监控技术体系。

（二）与农机装备和设施本身相关的智能检测与控制技术系统与设备

基于作业对象的智能监测与决策技术，研究农机装备自动调控技术与执行；系统、故障诊断系统、自动导航与驾驶系统、作业过程参数优化与质量调控系统、水肥药种变量施用系统和总线控制技术系统等，提升农机智能化水平。开发生产环境智能化复合控制技术，研究温室植物生长多因子多目标控制技术，建立模糊控制模型，开发智能控制系统，研制网络化、智能化、嵌入式控制设备等，实现基于作物生长直接信息和间接信息相结合的精准型控制技术系统突破。

（三）农业装备制造控制技术与装备

研究农业装备关键零部件制造在线检测与监测技术，智能调控关键零部件试验与可靠性技术，整机在线检测技术，制造过程物流调度技术，自动加工工艺规划技术，虚拟仪器接口标准技术，基于传感器信息、虚实结合的可视化单元技术，数字化设计与虚拟现实技术，研制基于计算机系统的农业装备先进制造自动生产线。

（四）农业装备作业管理与服务控制技术与系统

农业机械装备智能调度管理控制技术与系统，研究大型农机作业装备及设施农业系统的网络化、信息化、可靠性技术，研制基于 3S（GPS、GIS 和 RS）的农业机械调度管理、健康监控、故障报警、智能诊断及远程维护、服务、培训系统，农业装备的性能、排放、安全监测技术与系统，农业装备维修质量控制、监测技术系统等。

三、农用智能机器人

农用智能机器人是农机智能化发展的重点，也是智能化技术集成的体现，主要是用在对人体、动物具有安全性危害、人工与普通机械所不能达到的作业目标、人工所不愿意从事的作业环节等领域。目前重点发展以下产品。

（一）果蔬嫁接、套袋、采摘和分级机器人

研究园艺农业用果蔬嫁接技术，研究果蔬成熟度近红外自动探测分级和双目视觉目标定位技术，研究灵巧机械手技术、移动机器人技术以及机器人控制技术，研制园艺农业机器人，实现果蔬的自动嫁接和苹果、番茄、黄瓜、葡萄等的自动化采摘收获。

（二）大田作物移栽机器人

研究柔性设计与仿生、模式识别与自主导航、自动取苗与投苗、直立移栽、漏栽检测等技术和专用基础作业部件，研制作物移栽机器人，提高旱田蔬菜、水田作物栽植关键环节的作业质量和效率。

（三）施药、养殖场自动清粪作业机器人

针对高位、密闭等具有危害的农作物、果林、养殖、设施场所，依托机器视觉、自动避障、自动导航、路径规划、自动计量施药等技术，实现无人化施药和清理作业。

第二章　拖拉机检修技术

第一节　发动机

一、发动机的概念

发动机是将燃料（液体和气体）和空气混合后在气缸内燃烧产生热能，再将热能转化为机械能的热力机械。燃料在机器内部燃烧产生热能的，称为内燃机；在机器外部燃烧产生热能的，称为外燃机。

发动机是拖拉机的动力装置，采用的是往复活塞式柴油发动机，简称柴油机。该机具有热效率高、经济省油、输出扭矩大、超负荷能力强、工作可靠等优点。图 2-1 是单缸四行程柴油机构造简图，其基本零部件主要包括气门、气缸盖、气缸套、活塞、连杆、曲轴、飞轮和喷油器等。

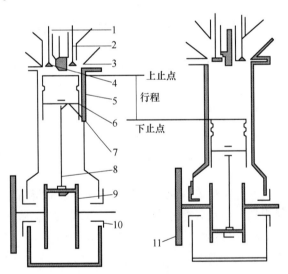

图 2-1　单缸四行程柴油机构造简图

1—排气门；2—进气门；3—气缸盖；4—喷油器；5—气缸套；6—活塞；7—活塞销；
8—连杆；9—曲轴；10—主轴承；11—飞轮

二、发动机分类

发动机种类繁多，可以按以下不同特征进行分类。

按使用燃料的不同，可分为汽油发动机、柴油发动机、天然气发动机。

按发动机气缸排列的方式可分为直列式发动机、卧式发动机、"V"形发动机和对置式发动机。

按工作循环可分为四冲程发动机和二冲程发动机。

按冷却方式可分为水冷式发动机和风冷式发动机。

按气缸数目可分为单缸、双缸发动机和多缸发动机。

按气门布置的位置可分为顶置气门式发动机和侧置气门式发动机。

按进气方式可分为增压式和非增压式。

三、基本概念

（1）上止点与下止点。活塞在气缸内移动到其顶部距离曲轴中心线最远处的位置为上止点；活塞顶部距曲轴中心线最近处的位置为下止点。

（2）曲柄半径。曲轴连杆轴颈的轴心线到主轴颈轴心线的距离，称为曲柄半径，用 R 表示。

（3）活塞行程。活塞在气缸内运动，其上下止点间的距离称为活塞冲程，用 S 来表示。活塞在气缸内移动一个行程时，曲轴转动 $180°$ 活塞行程 S 等于曲柄半径 R 的 2 倍，即 $S = 2R$。

（4）气缸工作容积、燃烧室容积、气缸总容积和发动机排量。

气缸工作容积：是指上下止点之间的气缸容积，用 V_h 表示。

燃烧室容积：是指活塞在上止点时，活塞顶与气缸盖之间的容积，用 V_c 表示。

气缸总容积：是指活塞在下止点时，活塞顶上方空间的容积，用 V_a 表示，$V_a = V_c + V_h$。

发动机排量：是指多缸发动机所有气缸工作容积的总和，用 V_l 表示，$V_l = i × V_h$，i 为气缸数。

（5）压缩比。气缸总容积与燃烧室容积的比值为压缩比，用 ε 表示，$\varepsilon = V_a/V_c$。压缩比表示气缸内气体被压缩程度的指标。压缩比越大，压缩终了时，气缸内的气体压力越大温度越高。

（6）工作循环。发动机工作时，每完成一个进气、压缩、燃烧做功和排气的工作过程，称为工作循环。

四、发动机型号表示方法

根据 GB/T 725—2008《内燃机产品名称和型号编制规则》规定如下：

内燃机产品名称均按所采用燃料命名，如柴油机、汽油机、燃气内燃机和双燃料内燃机。

内燃机型号由阿拉伯数字、汉语拼音字母或国际通用的英文缩写字母（以下简称字母和 GB 1883—89）中关于气缸布置所规定的象形字符号组成。

内燃机型号包括第一部分、第二部分、第三部分和第四部分组成。

第一部分：由制造商代号或系列代号组成。本部分代号由制造商根据需要选择相应 1~3 位字母表示。

第二部分：由气缸数，气缸布置型式符号、冲程型式符号、缸径符号组成。（1）气缸数用 1~2 位数字表示；（2）气缸布置型式符号规定（无符号：表示多缸直列或单缸，H 表示 H 形，V 表示 V 形，X 表示 X 形，P 表示卧式）；（3）冲程型式为四冲程时符号省略，二冲程用 E 表示；（4）缸径符号一般用缸径或缸径/行程数字表示，也可用发动机排量或功率数表示。其单位由制造商自定。

第三部分：由结构特征符号、用途特征符号组成。其柴油机结构特征符号规定［无符号：冷却液冷却；Z—增压；F—风冷；ZL—增压中冷；N—凝气冷却；DZ—可倒转；S—十字头式）。柴油机用途特征符号规定［无符号：通用型和固定动力（或制造商自定）；D—发电机组；T—拖拉机；C—船用主机、右机基本型；M—摩托车；CZ—船用主机、左机基本型；G—工程机械；Y—农用三轮车（或其他农用车）；Q—汽车；L—林业机械；J—铁路机车］。在原标准型号组成的后部增加燃料符号一栏，燃料符号参见标准附录 A，柴油机的燃料符号省略（无符号）。

第四部分：区分符号。同系列产品需要区分时，允许制造商选用适当符号表示。

内燃机型号应简明，第二部分规定的符号必须表示，但第一、第三部分及第四部分符号允许制造商根据具体情况增减，同一产品的型号应一致，不得随意更改。第三部分与第四部分可用"—"分隔。

型号含义举例：（1）"S195"表示单缸、四冲程、缸径为 95 mm、水冷、通用型，"S"表示采用双轴平衡系统的柴油机；（2）"YZ6102Q"表示扬州柴油机厂生产、六缸、四冲程、缸径 102 mm、水冷、车用柴油机；（3）"1E65F/P"表示单缸、二冲程、缸径 65 mm、风冷、通用型汽油机；（4）"R175A"表示单缸、四冲程、缸径 75 mm、水冷通用型柴油机（R 为系列代号、A 为区分符号）。

五、发动机主要性能指标

发动机的主要性能是指动力性能、经济性能和使用性能等。常用的性能如下。

（一）动力性能

（1）有效扭矩发动机通过飞轮对外输出的转矩称为有效扭矩，用 Me 表示，单位为 N·m（牛顿·米）。发动机稳定工作时输出的有效扭矩与外界施加于发动机曲轴上的阻力矩平衡。内燃机扭矩越大，它所驱动的机械做功能力就越大。

（2）有效功率发动机通过飞轮对外输出的功率称为有效功率，用 Pe 表示，单位为 kW（千瓦）。发动机产品铭牌上标明的功率，称为额定功率和额定转速。

（3）转速是指曲轴每分钟转多少圈，单位为 r/min（转/分）。在缸径、冲程等有关参数相同的条件下，转速越高，做功次数越多，发出功率就越大。

（二）经济性能

（1）燃油消耗率。燃油消耗率是指内燃机每发出 1 kW 有效功率，在 1 h 内所消耗的燃料克数，单位是 g/（kW·h）［克/（千瓦·时）］。一般额定工况燃油消耗率为 250 g/（kW·h），燃油消耗率越低，其经济性能就越好。

（2）机油消耗率。机油消耗率计算方法同燃油消耗率，一般额定工况机油消耗率 ≤2.0 g/（kW·h）。

（三）使用性能

（1）启动性能。发动机启动性能好，在一定温度下能启动迅速，启动消耗功率小，磨损少。国家标准规定：柴油机在-5 T以下启动发动机，15 s内发动能自行运转。

（2）排气品质和噪声。发动机排出的氮氧化物（NO_x）、碳氢化物（HC）、一氧化碳（CO）等有害排放物和噪声要符合相关的国家标准。

六、发动机的总体构造

发动机由机体、曲柄连杆机构、配气机构、燃油供给系统、润滑系统、冷却系统和启动系统（汽油机有点火系统）等组成，见表2-1。

表2-1 发动机的组成

组成部分	功 用	主要构成
机体组	组成发动机的框架，支撑各种载荷	气缸体、曲轴箱
曲柄连杆机构	实现能量和运动转换，将燃料燃烧时发出热能转换为曲轴旋转的机械能，把活塞的往复直线运动转变为曲轴的旋转运动，对外输出功率，反之将曲轴的旋转运动转变为活塞的往复直线运动	活塞连杆组、曲轴飞轮组、缸盖机体组
配气机构	按发动机的工作顺序和各缸工作循环的需要，定时开启和关闭进、排气门，充入足量的新鲜空气，排尽废气	气门组、气门传动组、气门驱动组、进排气系统、涡轮增压器
燃油供给系统	按发动机不同工况的要求，供给干净、足量的新鲜空气，定时、定量、定压地把燃油喷入气缸，混合燃烧后，排尽废气	燃油供给装置、混合气形成装置
润滑系统	向各相对运动零件的摩擦表面不间断供给润滑油，并有冷却、密封、防锈、清洗功能	机油供给装置、滤清装置
冷却系统	强制冷却受热机件，保证发动机在最适宜温度下（80~90 ℃）工作	散热片或散热器（水箱）、水泵、风扇、水温调节器等
启动系统	驱动曲轴旋转，实现发动机启动	启动电动机、蓄电池、传动机构
汽油机点火系统	按汽油机的工况要求，接通或切断线圈高压电，使火花塞产生足够的跳火能量，引燃汽油混合气体，进行做功	火花塞、高压导线、飞轮磁电机等

七、四冲程发动机的工作过程

内燃式发动机每一次将热能转变为机械能都必须经过吸入空气、压缩空气和输入燃料，使之着火燃烧而膨胀做功，然后将生成的废气排出，这样由进气行程、压缩行程、做功行程和排气行程组成的连续过程，称为一个工作循环。此循环周而复始地进行，发动机便产生连续的动力。

对于往复活塞式内燃机，曲轴旋转两圈、活塞往复4个行程、完成一个工作循环的发动机称为四冲程发动机；曲轴旋转一圈、活塞往复两个行程、完成一个工作循环的发动机称为二冲程发动机。拖拉机发动机广泛使用四冲程柴油发动机。

（一）单缸四冲程柴油机工作过程和特点

1. 单缸四冲程柴油机工作过程

单缸四冲程柴油机工作过程，如图2-2所示。

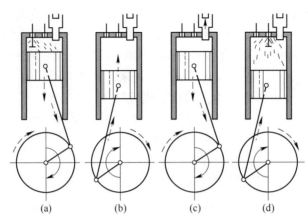

图 2-2　单缸四冲程柴油机的工作过程

（a）进气行程；（b）压缩行程；（c）做功行程；（d）排气行程

（1）进气行程［图 2-2（a）］曲轴旋转第一个半圈，经连杆带动活塞从上止点向下止点移动，活塞上方容积增大，压力降低，造成真空吸力。此时进气门打开，排气门关闭，新鲜空气被吸入气缸。进气终了时气缸内气体压力为 0.075~0.09 MPa，温度可达 300~340 K。为了充分利用气流的惯性增加进气量，减少排气阻力使进气更充足、废气排除更干净，发动机的进、排气门是早开迟闭。

（2）压缩行程［图 2-2（b）］曲轴旋转第二个半圈，带动活塞从下止点向上止点运动。此时进、排气门都关闭。活塞上方容积缩小，气缸内的气体受到压缩，温度和压力不断升高。压缩终了时气缸内压力达 3~5 MPa、温度升高到 750~950 K，比柴油自燃温度高约 600 K。

（3）做功行程［图 2-2（c）］在压缩行程临近终了时，喷油器将高压柴油以雾状喷入气缸，进入气缸的柴油与被压缩的高温空气混合成可燃混合气并着火燃烧，放出大量热能。此时进、排气门仍都关闭，使气缸中的气体温度和压力急剧升高，气缸中瞬时压力高达 6~10 MPa、瞬时温度高达 1800~2200 K，并骤然膨胀。膨胀的高温高压气体推动活塞从上止点向下止点移动，通过连杆带动曲轴旋转第三个半圈，对外做功。此圈为热能转化为机械能的行程，因此称为做功行程。随着活塞的不断下移，气缸内压力和温度逐渐降低。

（4）排气行程［图 2-2（d）］当做功行程接近终了时，排气门打开，进气门仍然关闭，因废气压力高于大气压力而自动排出。此外，当活塞越过下止点向上止点运动时，即曲轴旋转第四个半圈，活塞上移的推挤作用强制排气。活塞到上止点附近时，排气行程结束。排气终了时气缸压力为 0.105~0.125 MPa，温度为 800~1000 K。

活塞越过上止点后，排气门关闭，进气门打开，排气行程结束，又开始下一个工作循环。

2. 四冲程发动机的工作特点

每一个工作循环，曲轴转两圈（720°），每一个行程曲轴转半圈（180°），进气行程是进气门开启，排气行程是排气门开启，其余两个行程进、排气门均关闭。

4 个行程中，只有做功行程对曲轴产生旋转动力，其他 3 个行程是辅助做功行程的。

所以单缸发动机平稳性较差，在曲轴端配备了飞轮，储存足够大的转动惯量。

发动机运转开始循环时，必须有外力促使曲轴旋转完成进气，压缩（火花塞点火）着火后，完成做功行程；以后的工作循环是依靠曲轴和飞轮贮存的能量自行完成。

加强记忆：活塞下行气门开，新鲜空气吸进来；活塞上行气门闭，压气升温做准备；喷油自燃气膨胀，推动活塞生动力；做功完成后排气，活塞上行排出去；活塞往复曲轴转，进压功排成循环。

（二）多缸四冲程柴油机工作行程

多缸柴油机每个气缸的工作情况都和单缸柴油机一样，曲轴每转两圈，各缸都要按照进气、压缩、做功和排气 4 个行程完成一个工作循环。各缸完成做功的先后次序称为多缸柴油机的工作顺序。

为了使柴油机运转平稳，各缸的做功行程间隔角应相等。因此，各缸做功的间隔角应为 720°除以气缸数。例如，四缸柴油机各缸做功的间隔角为 720°/4＝180°。在农机上普遍采用四缸四冲程柴油机的工作顺序有 1-3-4-2 和 1-2-4-3 两种，并以 1-3-4-2 居多，其各缸的工作情况见表 2-2。

表 2-2　四缸四冲程柴油机各缸工作情况

曲轴转角	工作顺序 1-3-4-2				工作顺序 1-2-4-3 各缸工作情况			
	第一缸	第二缸	第三缸	第四缸	第一缸	第二缸	第三缸	第四缸
0°～180°	进气	压缩	排气	做功	做功	压缩	排气	进气
180°～360°	压缩	做功	进气	排气	排气	做功	进气	压缩
360°～540°	做功	排气	压缩	进气	进气	排气	压缩	做功
540°～720°	排气	进气	做功	压缩	压缩	进气	做功	排气

第二节　柴油机机体组和曲柄连杆机构

一、机体组

（一）机体组的功用和组成

机体组是发动机的基础骨架，功用是其内外都安装发动机各机构和系统的所有零件及附件，支承各种载荷。机体组主要由气缸体、气缸套、气缸盖、气缸垫和油底壳等组成。

（二）机体组主要零部件

1. 气缸体

气缸体又叫机体，气缸体和上曲轴箱常铸为一体。其功用是支撑发动机所有的运动件和附件。水冷发动机的气缸体内设置有冷却水道（小型发动机内无冷却水道，外部设有散热片）和润滑油道，保证对高温状态下工作和高速运动零件进行可靠的冷却和润滑。

气缸体上部的圆柱形空腔称为气缸，它的功用是引导活塞做往复运动，气缸体下部的空间为上曲轴箱，用来安装曲轴。其下部安装油底壳，组成下曲轴箱，并储存机油。根据气缸体与油底壳安装平面的位置，通常把气缸体分为无裙式气缸体（又称平分式，机体下表面与曲轴轴线在同一平面上）、龙门式气缸体（机体下表面在曲轴轴线以下的）和隧道式气缸体（机体的主轴承座为整体式）三种，如图2-3所示。四缸柴油机机体如图2-4所示。

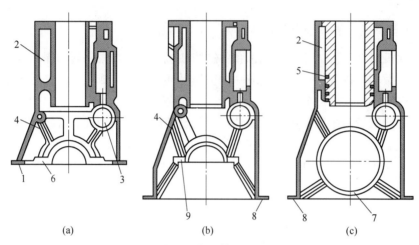

(a)　　　　　　　　　　(b)　　　　　　　　　　(c)

图2-3　气缸体的形式

（a）平分式；（b）龙门式；（c）隧道式

1—气缸体；2—水套；3—凸轮轴孔座；4—加强筋；5—湿式缸套；6—主轴承座；
7—主轴承座孔；8—安装油底壳的加工面；9—安装主轴承盖的加工面

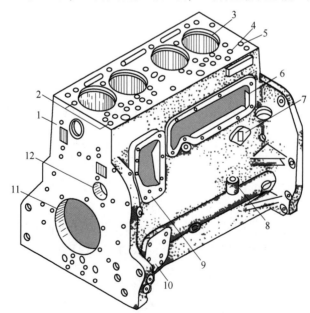

图2-4　四缸柴油机机体

1—气缸；2—螺栓孔；3—安装气缸套孔；4—推杆孔；5—机油孔；6—挺柱检查窗孔；7—输油泵座；8—油尺孔；
9—喷油泵传动齿轮室；10—机油滤清器座；11—曲轴轴承座；12—凸轮轴承座

2. 气缸套

为了提高气缸内表面耐磨性，机体内往往镶入由耐磨性更好的优质合金材料单独制成的圆筒形气缸套。也有一些型号的发动机的气缸套和机体铸成一体，内装活塞，构成柴油机实现工作循环的可变容积的密封空间。气缸套有干式和湿式两种，如图 2-5 所示。柴油机上一般采用湿式缸套，其外壁直接和冷却水接触，散热效果好。气缸套依靠上端的凸肩支承在气缸体中，凸肩的上端面应高于机体上平面 0.05 ~ 0.15 mm，使缸盖螺栓紧固后，保证冷却水和气缸内的高压气体不致泄漏。气缸套外壁有上下定位环带。下定位环带有两道环槽，用来安装橡胶阻水圈，防止冷却水漏入曲轴箱。

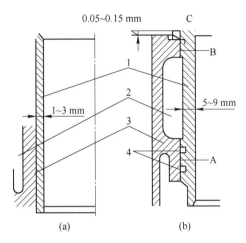

图 2-5　气缸套的结构

（a）干式；（b）湿式

1—气缸套；2—水套；3—气缸体；4—密封圈；

A—下支撑定位带；B—上支撑定位带；C—定位凸缘

3. 气缸盖总成

气缸盖总成包括气缸盖、气缸垫、气缸罩和缸盖螺栓等零件，以图 2-6 S195 柴油机气缸盖总成为例。

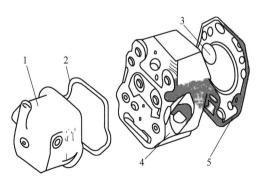

图 2-6　S195 柴油机气缸盖总成

1—气缸盖罩；2—气缸罩垫片；3—涡流室镶块；4—气缸盖；5—气缸垫

（1）气缸盖。气缸盖用紧固螺栓紧固在气缸体上，其功用是封闭气缸，并与活塞顶面构成燃烧室。气缸盖上装有喷油器、涡流室镶块、进排气门及减压机构等，并布有进排气通道、冷却水道和润滑油道等。

（2）气缸垫。气缸垫安装在气缸盖和气缸之间的接触平面，用来密封气缸，防止漏气、漏水和漏油。安装气缸垫时，应注意金属的翻边朝向易修整的平面。

（3）缸盖螺栓。缸盖螺栓有许多个，均布于缸口四周，用来压实气缸并紧固气缸盖。拧紧（或拧松）缸盖螺栓时，为防止缸盖变形，必须按规定扭矩由中间向四周（拆卸时相反）对称扩展的对角线顺序分2~3次逐步拧紧（或拧松），最后一次用扭力扳手按规定力矩拧紧，以免损坏气缸垫发生漏水或漏气。如东方红-LR100/105型柴油机第一次以扭矩60 N·m拧紧，第二次拧紧到181.4~186.3 N·m用扭力扳手拧紧。

4. 曲轴箱通风装置

曲轴箱通风装置功用是将少量经活塞环缝隙窜入曲轴箱的混合气和废气排出，延缓机油的稀释和变质，同时降低曲轴箱内的气体压力和温度，防止机油从油封、衬垫等处渗漏。因此曲轴箱都设置通风装置，以利废气排出，形成负压。通风方式有自然通风和强制通风两种。自然通风是将曲轴箱内的废气直接导入大气中，通风口一般设在机油加注口处或气门室罩处，常用于小中型柴油机。强制通风是将曲轴箱内吸出的气体导入发动机进气管，吸入气缸再燃烧，常采用PVC单向阀，根据发动机负荷自动控制曲轴箱的通风量。图2-7为立式195柴油机的呼吸阀装在摇臂室的罩盖上，通过齿轮室侧壁上的孔及配气机构推杆安装孔与曲轴箱相通。图2-8是S195等卧式柴油机在齿轮室盖上安装单向阀。工作时，当曲轴箱内压力高于外界大气压时，呼吸阀打开，气体通过呼吸阀排出机外；活塞上行，曲轴箱内容积增大，压力下降到低于外界大气压时，呼吸阀关闭。

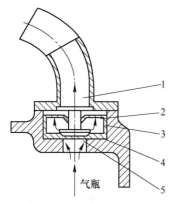

图2-7　立式柴油机呼吸阀

1—通风管；2—摇臂室盖；3—阀罩；
4—阀座；5—单向阀

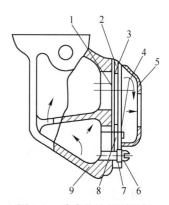

图2-8　卧式柴油机呼吸阀

1—垫片；2—底板；3—弹簧片；4—挡板；5—罩壳；
6—垫圈；7—螺钉；8—铆钉；9—齿轮室盖

二、曲柄连杆机构

（一）曲柄连杆机构的功用和组成

曲柄连杆机构的功用是将活塞的往复运动转变为曲轴的旋转运动，将作用在活塞顶上的燃气压力转变为扭矩，通过曲轴对外输出。曲柄连杆机构由活塞组、连杆组、曲轴飞轮组组成，如图2-9所示，是发动机的主要工作部件。

（二）曲柄连杆机构主要零部件

1. 活塞组

活塞组件主要由活塞、活塞环（包括气环、油环）、活塞销等组成，如图2-9所示。活塞和连杆组件与气缸体共同完成4个冲程，并承受气缸中油气混合气的燃烧压力，并将此力通过活塞销传给连杆，以推动曲轴旋转。

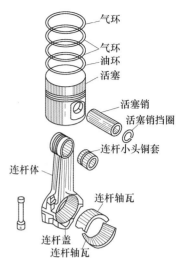

图2-9　活塞连杆机构组结构图

（1）活塞。其功用是承受气缸中气体的压力，并将此力通过活塞销传给连杆，推动曲轴旋转。活塞顶部还与气缸盖构成燃烧室。活塞由顶部、头部、裙部、销座部四部分组成。

1）活塞顶部。它是指第一道活塞环槽以上的部分，它与气缸盖、气缸套组成燃烧室，直接承受气体的高温高压作用。活塞顶部根据燃烧要求常被加工成各种凹坑，以加速柴油与空气的混合及雾化。装配时应注意顶部的形状和方向标记。如S195柴油机活塞顶部尖端应朝上。

2）活塞头部。它又称为环槽部或防漏部，是指活塞第一道环槽到活塞销孔以上的环槽部分。其功用是密封、散热、布油和刮油。由于活塞上部受热温度高、热膨胀量大，因此常制成上小下大的锥形，工作时上下直径可趋于相等。柴油机压缩比较高，一般有2~3道气环槽和一道油环槽，油环槽底部分布许多径向小孔，使油环从气缸壁上刮下的机油经过小孔流回油底壳。

3）裙部。它是指油环槽下端面到活塞最下端的部分，也叫导向部。它包括活塞销座和导向的外表面。当活塞在气缸内往复运动时，它起导向和承受侧压力的作用。由于活塞厚度不均匀，销座方向金属堆积较多，受热膨胀也多，故冷态此方向的直径略小。因此活塞裙部常做成椭圆形，销轴方向为短轴，长轴方向与销座相垂直，在工作时可趋近正圆。此外销座孔外制成凹陷状的防卡结构，以减少销座热膨胀变形。

4）销座部。它是位于活塞中部，用来安装活塞销的座孔。农用柴油机上一般采用全浮式构造，为防止活塞销的轴向移动，在销座孔上加工有环槽，环槽中安装活塞销挡圈。

5）多缸机活塞有分组，顶部打有记号，与相应的气缸配合。安装时各缸活塞不能互换、其重量不能相差太大。

（2）活塞环。活塞环是略大于气缸内直径并具有一定弹性的耐磨合金铸铁制造的开口圆环。活塞环分为气环和油环两种，如图2-10所示。

(a)　　　　　　　　　　　(b)

图2-10　活塞环

（a）气环；（b）油环

1）气环。气环是一种具有切口的弹性环，其功用主要是密封，其次是传热。随活塞装入气缸内，靠弹力紧贴气缸壁上，形成良好的密封面，并将活塞顶部热量传给气缸壁，再由冷却水带走。常用的气环断面形状有矩形环、锥形环、扭曲环、梯形环和桶形环，如图 2-11 所示。

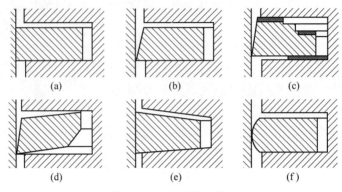

图 2-11　气环的断面形状

（a）矩形环；（b）锥形环；（c）下扭曲内切环；
（d）反扭曲锥形环；（e）梯形环；（f）桶形环

矩形环导热效果好，但易泵油，如图 2-12 所示，镀铬后常用第一道气环。

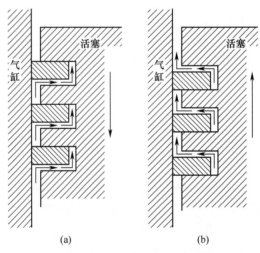

图 2-12　矩形气环的泵油作用

（a）活塞下行；（b）活塞上行

锥形环外圆有一很小的斜角（1″±30″），锥形环与缸壁接触面积小，接触压力大，有利于密封和磨合。活塞上行时布油，下行刮油，可减少磨损，常做第二道或第三道气环。安装时锥形环小端（切口附近打有"上"字标志或边沿上记号"T"）应朝向气缸盖。

扭曲环分为内圆倒角或切槽的内切环和外圆倒角或切槽的外切环，环装入气缸后能自行变形扭曲，保留锥形环的全部优点，还可减少泵入燃烧室的机油。常做第二道和第三道气环。安装时内切环切口应朝上，外切环的切口应朝下。

梯形环的断面呈梯形，优点是抗结胶性好和密封性好，但精磨工艺复杂，仅用在热负荷较高的柴油机第一道气环。

桶形环的外圆表面呈凸圆弧形，提高了密封性能，减轻摩擦和磨损；但凸圆弧加工困难。

2）油环。油环的主要功用是布油和刮油，其次是传热和密封。上行布油，使气缸壁上的油膜分布均匀，改善润滑条件；下行刮油回油底壳，如图 2-13 所示。油环有整体式和组合式两种，如图 2-14 所示。整体式油环外表面中间车有一道凹槽，形成了上下二个环唇带，上唇带上端面外缘倒角，油环上行时形成油楔；下唇带下端面外缘一般不倒角，才增强下行刮油能力；槽底部有回油孔，下行时用来排除刮来的机油回曲轴箱。组合式油环有钢片式和螺旋撑簧式两种。钢片式组合油环由 3 个刮油钢片和 2 个弹性衬环组成。轴向衬环使刮油片紧贴环槽上下端面，形成端面密封，以防机油上蹿；径向衬环使刮油片外圆紧贴气缸壁，以便活塞移动时刮去缸壁上多余的机油。组合环具有对缸壁接触压力高而均匀、刮油能力强、密封性好、使用寿命长等优点，其应用日益增多。螺旋撑簧式组合油环是在整体油环内径环面内安装一个螺旋弹簧，以增强对缸壁的接触压力，具有较好的刮油能力和使用寿命长等优点。

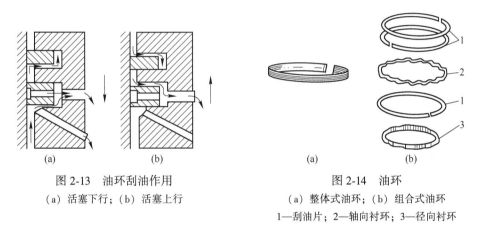

图 2-13　油环刮油作用　　　　　　　图 2-14　油环
（a）活塞下行；（b）活塞上行　　　　　　（a）整体式油环；（b）组合式油环
　　　　　　　　　　　　　　　　　　　1—刮油片；2—轴向衬环；3—径向衬环

（3）活塞销。活塞销为空心圆柱体，其功用是连接活塞与连杆，并传递两者之间的作用力。活塞销与销座孔和连杆小端衬套孔的连接方式有半浮式和全浮式连接两种。半浮式连接是指活塞销固定于连杆小端衬套孔内；全浮式连接是指活塞销浮动于销座孔与连杆小端铜衬套孔中。常用的是全浮式，即在冷态下活塞销与铜衬套孔即为间隙配合，活塞销与座孔为过渡配合；为防止活塞销的轴向移动，在销座孔两端环槽内安装卡簧挡圈。

安装时，先将一个挡圈装入销孔中的挡圈槽内，再将活塞放在 80~90 ℃的水或机油中加热 5~10 min，取出后迅速将连杆小头衬套对准活塞孔，从未装挡圈的一端将活塞销推入，最后将另一个挡圈装上。拆卸时，先拆挡圈，然后将活塞连杆总成按上述方法加热后再拆卸活塞销。另外安装时应注意活塞和连杆方向，使活塞顶铲击形顶尖和连杆小头上的油孔在同一方向。

（4）活塞环间隙、弹力和漏光度的检查。柴油机工作时，活塞和活塞环会受热而膨胀，为防止活塞环受热膨胀而卡死在气缸内而留有的间隙叫活塞环间隙，它包括开口间隙、侧隙和背隙三种。

1）开口间隙。活塞环开口间隙又称为端间隙，是指活塞环装入气缸套后，该环在上止点位置时环的开口处留有的间隙。开口间隙过大，会使气缸密封性降低，造成压缩不良，燃气泄漏，启动困难，功率下降、油耗升高。开口间隙过小，加速活塞环与气缸壁的磨损，甚至造成活塞环在缸套内卡死、折断而刮伤气缸壁。开口间隙随缸径的磨损而增大，可为 0.25~0.80 mm，且柴油机活塞环开口间隙略大于汽油机的，第 1 道气环间隙略大于第 2、第 3 道气环。

活塞环开口间隙的检查：将活塞环装在气缸套内，并用倒置活塞的顶部将环推入气缸内上止点时所处位置，然后用厚薄规检测如图 2-15 所示。若端间隙大于规定值则应重新选配活塞环；若端间隙小于规定值，应利用细平锉刀对环口的一端进行锉修。锉修时只能锉一端且环口应平整，锉修后应将加工产生的毛刺去掉，以免工作时刮伤气缸壁。

2）侧隙。又称为边间隙，边间隙是指活塞环与环槽侧面之间留有的间隙。气环的侧隙一般为 0.04~0.15 mm，且第 1 道气环侧隙大于其他气环；油环的侧隙较小，一般为 0.025~0.070 mm。边间隙过大，气缸密封性不好，加剧环对环槽的磨损，对于气环，它还会加剧其向燃烧室的"泵油作用"；边间隙过小，活塞环易卡死在环槽中而失去功用。

侧间隙的检查：将活塞环放入相应的环槽内，用厚薄规进行测量，如图 2-16 所示。若侧隙过小时，用细号砂纸修磨活塞环。

图 2-15　活塞环端间隙检测

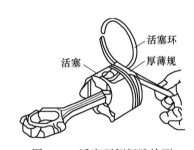
图 2-16　活塞环侧间隙检测

3）背隙。它是指活塞及活塞环装入气缸后，活塞环内圆柱面（背面）与环槽底部之间留有的间隙。背隙的作用是为建立背压，贮存积碳和防止活塞工作时膨胀过大挤断活塞环而设置的。

背隙的检查：为测量方便，通常是将活塞环装入活塞内，以环槽深度与活塞环径向厚度的差值来衡量。测量时，将环落入环槽底，再用深度游标卡尺测出环外圆柱面沉入环槽的数值，该数值一般为 0.50~1.00 mm。如背隙过小时，应更换活塞环或汽车活塞环槽的底部。油环背隙比气环大，目的是增大存油空间，以利减压泄油。

4）弹力检查。用活塞环弹力检测仪检查，如图 2-17 所示。将活塞环置于滚轮和底座之间，沿秤杆移动活动量块，使环的端隙达到规定的间隙值。此时秤杆读数即为活塞环的弹力。

5）漏光度（即失圆度）的检查：将活塞环平放在气缸套内，用倒置的活塞顶将环推至气缸内上止点位置，在活塞环下面放一光源（如电灯泡），上面罩一块略小于气缸套内径的遮光板，从气缸上部观察活塞环与气缸壁间漏光程度，如图 2-18 所示。

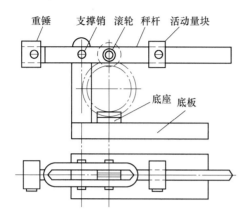

图 2-17　活塞环弹力检查

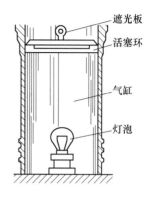

图 2-18　活塞环漏光度检查

漏光度技术要求：在活塞环端口两侧 30°范围内不能有漏光现象；其他部位漏光不超过 2 处，每处漏光弧长对应圆心角不大于 25°，如有两处漏光，则累计弧长对应圆心角之和不大于 45°；漏光处缝隙应小于 0.03 mm。

（5）气缸间隙。

1）气缸间隙。它是气缸套与活塞副间隙的简称，是指活塞最大直径与气缸套内径之差。活塞的最大直径在裙部下端承受侧压力的方向。

活塞在气缸套内做往复运动，受热膨胀，所以它们之间必须留有适当的间隙。间隙过小，活塞易卡死；间隙过大，活塞工作时摆动，敲击气缸壁，同时会漏气，蹿机油，功率下降和不易启动等。

活塞顶部直接与燃气接触，温度高，膨胀大。故冷态间隙相应大些，为 0.7 ～ 0.8 mm，而环槽部间隙为 0.5～0.6 mm，裙部间隙仅为 0.16～0.225 mm。

活塞主要磨损部位是环槽和活塞销孔。裙部与气缸套的磨损极限间隙为 0.40 mm，超出时应换新件。

2）气缸（套）间隙的检查：气缸套在使用中磨损是不均匀的，气缸套磨损最大部位是活塞在上止点位置时第 1 道活塞环对应的气缸壁处，由此向下磨损量逐渐减小；但当油环至下止点位置时，磨损量又增大。另外，沿气缸套圆周方向受侧压力较大处磨损量也较大，使气缸横断面呈椭圆形。因此，气缸（套）间隙检查内容主要是缸套的最大磨损量、圆度、圆柱度、缸套与活塞副的配合间隙四项。

测量气缸（套）间隙的位置：是取其上中下（A、B、C）3 个横截面，每个截面取横向和纵向两个方向，共 6 个测量位置，用外径千分尺和量缸表测量，如图 2-19 所示。其上部是活塞在上止点时第 1 道活塞环对应气缸壁处的位置（即 A 部）。中部是活塞在上止点时，其裙部下端与缸套对应的位置（即 B 部），也是检查缸套与活塞副配合间隙的位置；对于活塞裙部为中凸桶形的，应以裙部最大直径处为其配合间隙。下部是活塞在下止点时，最下面 1 道油环所对应的缸套位置（C 部）。然后计算最大磨损量、圆度、圆柱度、缸套与活塞副的配合间隙。

最大磨损量：是指缸套最大磨损尺寸与未磨损尺寸差值。

圆度：是指同一横截面上不同方向测得的直径差值的一半为该截面圆度值，3 个横截面最大圆度值为该气缸圆度值。

圆柱度：是指同横截面上任意测得的最大与最小直径差值的一半。

缸套与活塞副的配合间隙：是指活塞在上止点时，活塞裙部下端的最大直径与缸套成对应的位置（图 2-19 的 B 位置）同方向的直径之差。

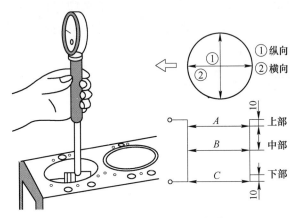

图 2-19　发动机缸套测量部位

当上述四项指标均未达到允许极限值时，又没有其他缺陷的，可更换全套活塞环继续使用；若有任何一项达到或超过极限值时，应镗削缸套，换用相应修理尺寸的活塞与活塞环；如果缸套有裂纹、严重气蚀、深的划痕、镗削也无法消除的缺陷，或磨损最大直径已接近最后一次修理尺寸时，应报废。

2. 连杆组

连杆组的功用是连接活塞和曲轴，将活塞承受的燃烧压力传给曲轴，使活塞往复移动和曲轴的旋转运动相互转换。连杆组主要由连杆、连杆盖、连杆轴瓦及连杆螺栓等组成。

（1）连杆。连杆由小头、杆身、大头三部分组成。连杆小头和活塞销连接，小头孔内压有减磨青铜衬套；安装时小头集油槽必须对应衬套油孔，靠曲轴箱中飞溅的油雾润滑。连杆小头孔与连杆衬套是静配合；活塞销与连杆小头衬套是动配合。连杆大头与曲轴连杆轴颈相连，为便于装配，大头做成分开式，剖切面有平切口和斜切口两种。斜切口采用锯齿形、定位套筒、定位销和止口等定位。

（2）连杆盖。又称连杆轴承盖，是指与大头剖切分开的部分，用螺栓与大头的上半部分连接，连杆盖与连杆配对加工，同侧打有记号，装配时不能互换或装反。拧紧连杆螺栓时，应用扳手分 2~3 次拧紧到规定力矩 100~200 N·m，然后用锁片、钢丝等锁牢螺栓头。保险片只能使用 1 次，拆卸后需换用新件。

（3）连杆轴瓦。连杆轴瓦就装在连杆大头孔内，由两个半圆形薄壁钢瓦片上浇铸 0.5~0.7 mm 厚的耐磨合金层组成，以减少连杆轴颈的磨损。为保证导热轴瓦钢背与座孔的贴合面积应占总面积的 75%以上。轴瓦钢背上有凸键，安装时要卡入连杆大头相应的凹槽中，以防轴瓦转动和窜动。

连杆轴瓦与轴颈之间应有一定的间隙，以便形成油膜，减少磨损。间隙过大，机油不易存留，润滑不良，磨损增加，轴颈和轴瓦会产生敲击，产生振动；间隙过小，机油难以进入，会产生烧瓦事故。

3. 曲轴飞轮组

曲轴飞轮组由曲轴、飞轮和曲轴皮带轮等组成，以单缸柴油机曲轴飞轮组为例。其功用是承受连杆传来的间歇性推力，并通过曲轴上的飞轮等大惯量旋转体的作用，将间歇性推力转换成环绕曲轴轴线的稳定转矩，即发动机输出的动力。

（1）曲轴。其功用是将连杆传来的推力变成旋转的扭矩，并输出给传动系，通过齿轮或皮带轮驱动配气机构、风扇、喷油泵、发电机等附属装置工作。曲轴由前端、主轴颈、连杆轴颈、主轴承、曲柄和后端组成，如图2-20所示。

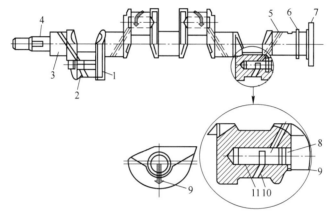

图2-20　4125A型柴油机曲轴构造

1—曲柄；2—连杆轴颈；3—主轴颈；4—定时齿轮轴颈；5—润滑油道；
6—挡油螺纹；7—飞轮接盘；8—螺塞；9—开口销；10—油管；11—油腔

1）曲轴前、后端。前端轴安装正时齿轮等，驱动正时齿轮室中其他齿轮转动，以完成配气、调速、平衡等功用。后端与飞轮连接。为防止曲轴箱内机油外漏，在曲轴后端主轴承盖外侧装有油封，安装时有标记字样的一面应朝外，不要装反，否则会漏油。

2）主轴颈和连杆轴颈。单缸机主轴颈有前后两个，全支撑型主轴颈数比连杆轴颈数多1个，非全支撑型的主轴颈数少于或等于连杆轴颈数。主轴颈的功用是安装轴承和支撑曲轴。连杆轴颈用来安装连杆大头。各轴颈表面采用压力润滑，主轴颈表面与机体上的油道相通，再通过斜油道和连杆轴颈相通，在连杆轴颈中心有离心净化室，机油中的杂质在曲轴旋转产生离心力的作用下甩向油室壁并附着在表面，净化机油。维护时应拆下螺塞，清洗净化室和油道。

3）主轴承。主轴承安装在上曲轴箱的轴承座上，与曲轴的主轴颈相配合。绝大多数为轴瓦式滑动轴承，隧道式机体的主轴承采用滚动轴承。其功用是支撑曲轴承受工作压力。主轴承间隙稍大于连杆轴承间隙，应在主轴承螺栓按标准扭矩拧紧后测量（轴承间隙是指按规定扭矩上紧螺栓后，轴瓦内孔直径与轴颈外径之差）。采用巴氏合金和高锡铝合金轴瓦的主轴承间隙为（0.0006~0.0008）d（d为主轴承直径），采用铜铅合金和低锡铝合金轴瓦的主轴承间隙为（0.0009~0.0010）d。如LR100/105型柴油机主轴承和连杆轴承采用铜铅合金轴瓦，其主轴承间隙为 0.050~0.116 mm，连杆轴承间隙为 0.050~0.105 mm。经验表明：使用铜铅合金轴瓦比铝合金轴瓦间隙可减少 0.01~0.12 mm。

4）曲柄。曲柄是主轴颈和连杆轴颈的连接部分，曲柄对面有平衡块，为了平衡活塞往复移动产生的惯性力和曲轴旋转的离心力，减轻机器振动，延长轴承寿命。

（2）飞轮。其功用是贮存和释放做功行程时的能量，帮助曲柄连杆机构完成辅助行程时的阻力，使曲轴旋转均匀，便于发动机的启动和短时间的超负荷。飞轮外缘通常压有启动齿圈，并刻有第一缸上止点和供油开始时刻等记号及钻有小孔，用于检查配气和供油正时及平衡。为保证发动机的运转平衡及飞轮记号的准确性，曲轴与飞轮之间采用定位销或不对称的螺孔来定位。在飞轮外面的止口内，用螺栓紧固着三角皮带轮，以此输出功率。

拆卸飞轮应用扳手或拉出器进行，如图 2-21 所示。先将止推垫圈的锁边翻平，再用专用扳手将飞轮螺母拧松，最后用拉出器均匀对称缓缓拉出飞轮。安装时要注意定位方法，清洁各配合表面，不得碰伤或松动，飞轮螺母必须拧紧到规定的扭力矩（S195 柴油机为 392 N·m），并用锁片锁牢。

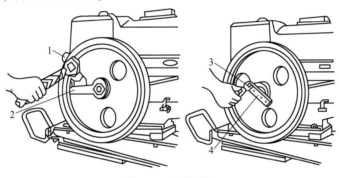

图 2-21 飞轮拆卸
1—锤子；2—飞轮螺母扳手；3—扳手；4—拉出器压模

4. 平衡机构

平衡机构的功用是平衡活塞组和连杆小头往复运动产生的惯性力和曲轴的连杆轴颈及连杆大头旋转产生的离心力引起的振动。一般连杆轴颈和连杆大头旋转产生的离心力引起的振动采用在曲轴的曲柄上加平衡块的方法进行平衡；而活塞组和连杆小头往复运动产生的惯性力，则必须用一个单独的平衡机构来抵消。小型柴油机上采用单平衡轴（195T、185）或双平衡轴来平衡。图 2-22 为 S195、L195 型柴油机双轴平衡机构。

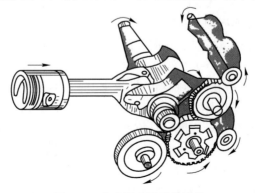

图 2-22 柴油机双轴平衡机构

双轴平衡机构是上下两根平衡轴用滚动轴承支承在机体后部轴孔中，两平衡轴的转向相反、转速与曲轴相同，平衡轴上重块所产生的离心力可分解为水平和垂直两个分力，水平分力之和抵消往复惯性力，两者的垂直分力相互抵消。平衡轴齿轮上刻有装配定位记号，装配时齿轮室齿轮啮合记号必须对准，否则会产生振动。

三、机体组和曲柄连杆机构常见故障诊断与排除

机体组和曲柄连杆机构常见故障诊断与排除见表2-3。

表2-3 机体组和曲柄连杆机构常见故障诊断与排除

故障名称	故障现象	故障原因	排除方法
缸套活塞磨损	缸套上止点下有圈凹痕和活塞组磨损严重	1. 发动机长期使用，缸套、活塞环正常磨损； 2. 空气或机油滤清器性能不良，带入灰尘和杂质； 3. 机油质量不好或混入杂质，润滑不良； 4. 冷却强度偏高或偏低，长期急速或经常超负荷	1. 研磨缸套，更换加大活塞环或更换缸套； 2. 检修或更换空气或机油滤清器； 3. 更换规定的机油； 4. 检修冷却系统，正确操作
气缸垫烧损	气缸垫烧损	1. 未按规定拧紧缸盖螺栓或各缸气缸高出量不一样； 2. 气缸盖或缸口不平或有损伤； 3. 气缸垫老化失去弹性或质量不佳	1. 检修缸套高出量和拧紧缸盖螺栓符合规定； 2. 检修或更换； 3. 更换
拉缸或活塞卡死	拉缸或活塞卡死	1. 活塞环开口间隙过小； 2. 活塞环折断； 3. 活塞销因失去定位而窜动； 4. 气缸间隙过小且机温过高、负荷过大	1. 镗缸或更换缸套，调整间隙； 2. 更换； 3. 检修； 4. 检修，正确操作
烧瓦	烧瓦	1. 轴瓦处机油供应不足，使润滑、冷却强度不够； 2. 机油品质不良，机油量不足或润滑油路不畅； 3. 轴承间隙过大或过小，摩擦表面形不成油膜； 4. 摩擦表面进入大的机械杂质	1. 检修润滑油路； 2. 更换或加足符合规定的机油，清洗润滑油路； 3. 检查调整轴承间隙； 4. 更换符合规定的机油
缸体或缸盖裂纹	缸体或缸盖裂纹	1. 冬季冷却水结冰，使缸体缸盖胀裂； 2. 发动机过热时，骤加冷水或严冬启动骤加热水； 3. 严冬机温过高时迅速放尽冷却水； 4. 缸盖局部散热不良，高温烧蚀	1. 补修或更换； 2. 过热不要骤加冷水和严冬不骤加热水，减小温差； 3. 严冬停机熄火冷却后放尽冷却水； 4. 检修

第三节 配 气 机 构

配气机构的功用是根据发动机工作循环和点火次序，定时地开启和关闭各缸的进、排

气门，以保证及时地吸入尽量多的新鲜空气、排除废气；当气门处于关闭时，应密封可靠，保证柴油机正常工作。

配气机构一般由气门组、气门传动组和气门驱动组三部分组成，如图 2-23 所示。配气机构按气门的布置形式，可分为顶置式（拖拉机上采用）和侧置式；按传动方式分为齿轮传动、凸轮传动、链轮传动和齿形带传动；按每缸气门数分为二气门和四气门式等。

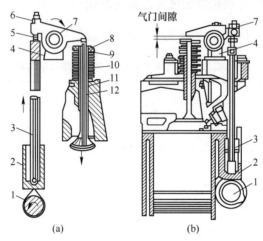

图 2-23　配气机构示意图

（a）摇臂压缩气门弹簧，气门开启；（b）气门弹簧伸长，气门关闭

1—凸轮轴；2—挺杆；3—推杆；4—摇臂支架；5—调整螺钉；6—锁紧螺母；7—摇臂；
8—气门弹簧座；9—锁片；10—气门弹簧；11—气门导管；12—气门

一、配气机构的主要零部件

（一）气门组

气门组由气门、气门导管、气门弹簧、弹簧座和锁片等组成，如图 2-24 所示。实现气缸的进、排气，并保证气缸的密封。

（1）气门。气门由头部和杆身两部分组成。气门头部为平顶圆盘形，靠其圆锥上有宽度 1.5~2.5 mm 的密封环带贴合在气门座上相应的密封环带起密封功用。为多吸入新鲜空气，进气门头部直径比排气门大些。气门杆身呈圆柱形，是气门上下运动的导向部分。在其尾部制成锥形和环槽，用来安装锁片并固定弹簧座，环槽中安装挡圈，以防锁片脱落或弹簧折断时气门落入气缸而造成事故。

（2）气门座。镶在气缸盖气门座孔中，与气门头部锥面密封环带配合起密封作用，并对气门头部进行导热。气门下沉量超过使用极限应更换气门座圈，否则会使压缩比和功率下降。气门与气门座接触的工作表面呈锥形，称密封锥面，其角度称气门锥角，通常气门锥角做成 45°或 30°。为保证密封，装配前应将气门头与气门座的密封锥面互相研磨，在锥面中部形成宽度为 1.5~2.5 mm 的无光泽灰色接触环带，研磨后各气门不得互换位置。气门装配后，头部平面应低于缸盖平面（气门下沉量），其功用是发动机工作时，气门开启而不碰撞活塞顶部。

（3）气门导管。其功用是起导向作用，保证气门做往复直线运动，使气门与气门座能正确贴合密封；并将气门热量传到冷却水套中，防止气门受热卡住。气门导管的外径与气缸盖导管孔过盈配合，以保证固定不动。安装气门导管时，外露端面至气缸盖顶气门弹簧安装平面的尺寸 S195 柴油机为（22±0.2）mm，如图 2-25 所示。否则气门会碰撞导管或加速凸轮和挺柱底面的磨损。气门导管孔口不应有倒角，如有倒角，飞溅的机油易经气门导管进入燃烧室产生蹿烧机油。部分柴油机气门导管上装有油封，防止气门导管与气门杆之间进入过多的机油。

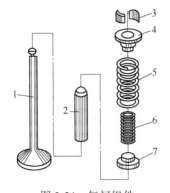

图 2-24　气门组件
1—气门；2—气门导管；3—锁片；
4，7—弹簧上下座；5，6—外内弹簧

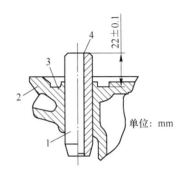

图 2-25　气门导管安装位置
1—气门导管；2—气缸盖；3—无倒角孔口；
4—气门弹簧安装面

（4）气门弹簧。通常为一个或两个圆柱形螺旋弹簧。其功用是自动关闭气门，保证气门与气门座贴合密封。为防止弹簧共振，多数发动机采用同心安装的内外两根旋向相反的双气门弹簧，同时当一根弹簧折断时，另一根弹簧还能继续工作，不使气门落入气缸中。

（5）气门弹簧座和锁片弹簧座为一台阶式圆柱体，中间有倒锥形通孔，外圆上台阶与弹簧接触，并压缩弹簧，使之有一定的预紧力。

弹簧座上倒锥形通孔使气门杆尾部穿过，用两片外圆锥面的锁片固定。

（二）气门传动组

其功用是按配气凸轮外廓形状传递运动使气门按时开启和关闭。传动组由挺柱、推杆、摇臂、摇臂轴和轴座等组成。

（1）挺柱。其功用是将凸轮的推力传给推杆。其底面为圆盘形与凸轮接触，顶部为球形凹坑与推杆接触。在气门弹簧的作用下，挺柱始终与凸轮接触，并且挺柱中心线与凸轮中心线有一偏心距，当凸轮转动时，挺柱不但随着凸轮升程的变化而上下移动，同时还随着转动，使接触面磨损均匀，如图 2-26 所示。

（2）推杆。其功用是将从凸轮轴经过挺柱传来的推力传给摇臂。常为细长中空杆，也有实心杆。两端呈球面，上端与摇臂上气门间隙调整螺钉接触，下端与挺柱接触。

（3）摇臂。其功用是将推杆传来的力改变方向，并作用到气门杆尾端推开气门。摇臂是一个双臂杠杆，两臂不等长，长臂一端与气门杆尾端接触，短臂一端装有气门间隙调整螺钉，并与推杆接触。摇臂装在摇臂轴上，其中心孔内镶有铜套，铜套的油孔与摇臂的油孔相通，如图2-26所示。接受润滑油，以润滑衬套和摇臂轴的工作面。

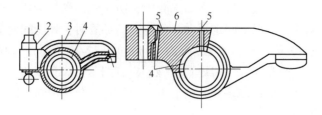

图2-26　摇臂

1—气门间隙调整螺钉；2—锁紧螺母；3—摇臂体；4—摇臂衬套；5—油孔；6—油槽

（4）摇臂轴和轴座。摇臂轴起支撑摇臂作用，装在摇臂轴座上。其两端装有弹性挡圈，防止摇臂轴移动，摇臂轴座用螺栓固定在气缸盖上。

（三）气门驱动组

其功用是将曲轴的转动传递给凸轮轴，并驱动和控制气门传动组工作。气门驱动组由凸轮轴和凸轮轴正时齿轮组成。

（1）凸轮轴。由曲轴通过正时齿轮来驱动，其功用是按规定时刻开启和关闭气门。

S195型柴油机凸轮轴有进、排气和供油3个凸轮，如图2-27所示，油泵凸轮用来驱动喷油泵工作，进、排气凸轮分别用来控制进、排气门的开、闭，前后轴颈支撑凸轮轴。气门的工作次序由各凸轮在轴上的相互位置来保证。凸轮轴的轴向间隙可用其轴承盖下的垫片来调整。

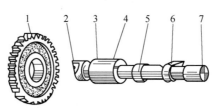

图2-27　S195柴油机凸轮轴

1—凸轮轴正时齿轮；2—喷油泵凸轮；3—平键槽；4—前轴颈；5—进气凸轮；6—排气凸轮；7—后轴颈

多缸机凸轮轴上配置有各缸进、排气凸轮，并靠凸轮轴颈支撑于气缸体上。为安装方便，凸轮轴各轴颈从前向后依次减小。凸轮的轴向定位可采用可调螺钉或止推凸缘，游动量通常为0.2 mm左右。

（2）凸轮轴正时齿轮。该齿轮通过平键固定在其凸轮轴的前轴颈上，与曲轴正时齿轮相啮合，传动比为2：1，将曲轴传来的动力传给凸轮轴。功用是保证曲轴位置和气门启闭的正确关系。装配时，必须将凸轮轴正时齿轮、平衡轴正时齿轮和曲轴正时齿轮等记号对准，才能保证齿轮相互位置正确、啮合平顺、噪声减小、工作正常。如S195型柴油机正时齿轮装配记号，如图2-28所示。

二、配气机构的工作过程

发动机工作时，曲轴通过正时齿轮驱动凸轮轴旋转。当凸轮轴转到凸轮的凸起部分顶

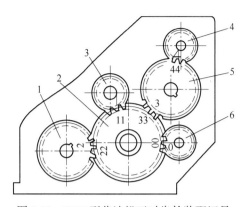

图 2-28　S195 型柴油机正时齿轮装配记号
1—凸轮轴齿轮；2—调整齿轮；3—曲轴正时齿轮；4，6—上下平衡轴齿轮；5—启动齿轮

起挺杆时，挺杆推动推杆上行，推杆通过调整螺钉使摇臂绕摇臂轴摆动，推杆推力大于气门弹簧的预紧力，使气门开启。随着凸轮凸起部分升程的逐渐增大，气门开度也逐渐增大，此时便进气或排气。当凸轮凸起部分的升程达到最大时，气门实现了最大开度。随着凸轮轴继续旋转。

凸轮凸起部分的升程逐渐减小，气门在弹簧张力的作用下，其开度也逐渐减小直到完全关闭，结束了进气或排气过程。因此，凸轮轴转 1 周，进、排气门各开、闭 1 次。

三、减压机构

（一）减压机构的功用和组成

在启动或维护柴油机时，将气门部分或全部打开，使气缸内压缩阻力消失，以利转动曲轴。主要由减压轴、减压螺钉等组成。

（二）减压机构工作过程

减压机构通常是在摇臂上方安装一个减压轴。当减压轴平面朝下时，减压轴与摇臂不接触，减压机构不起作用；当转动减压轴，使其凸面向下时，便向下压缩摇臂，强制气门打开而减压。有的机型在减压轴上装有减压螺钉，转动减压轴，螺钉将摇臂压下，使气门打开。此时气缸内没有压缩阻力，转动曲轴就省力。

（三）减压机构检查与调整

以 495A 型柴油机为例，其步骤如下：（1）转动曲轴，使第 1 缸处于压缩上止点；（2）此时第 1、3 缸排气门关闭，分别调整第 1、3 缸减压螺钉，即转动减压轴上的减压位置，松开调整螺钉的锁紧螺母，旋动调整螺钉；同时将 0.45 mm 的厚薄规片插入气门间隙调整螺钉和摇臂间隙，以稍有阻滞感为宜，然后锁紧螺母；（3）转动曲轴一圈，使第 4 缸处于压缩上止点；用同样的方法对第 2、4 缸的减压螺钉进行检查与调整；（4）调好后复查。

四、气门间隙

（一）气门间隙的定义和功用

气门间隙是指在冷机状态气门处于完全关闭时，气门杆尾端与摇臂长臂头（侧置式气门的挺柱）之间的间隙。其功用是给配气机构零件受热时留出膨胀量，保证关闭严密。

（二）气门间隙过大过小对发动机的影响

不同机型气门间隙值在冷、热状态下都不同，应按使用说明书规定进行调整。通常进气门间隙比排气门的小 0.05 mm，热机时气门间隙比冷机时小 0.05 mm。如在冷机时，4100A 柴油机进气门间隙为 0.25~0.30 mm，排气门间隙为 0.30~0.35 mm；R 系列柴油机进气门间隙为 0.3~0.4 mm，排气门间隙为 0.4~0.5 mm。气门间隙过小，零件受热膨胀后会使气门工作关闭不严，造成漏气，功率下降，甚至烧蚀气门与气门座工作面。气门间隙过大，将使气门开启持续时间减少，导致进气量减少、排气不净、功率下降；并使传动零件之间将产生撞击，噪声增大。

（三）气门间隙的检查与调整

气门间隙调整有逐缸调整法和两次调整法两种。检查调整气门间隙的前提是气门必须处于完全关闭状态，且挺柱处于最低点。即某缸在压缩行程上止点附近时可检测进排气门，在做功行程下止点附近可检调进气门，在进气行程下止点可检调排气门。对于顶置式配气机构，在检调前应检查并紧固摇臂轴架；有减压机构，应确认处于非减压状态方可进行检调。

（1）逐缸调整法。即每次检调 1 只缸的气门，此法较麻烦，其步骤如下。1）首先拆下气缸盖罩，检查上紧气缸盖螺母和摇臂支座螺母。2）然后打开减压机构，找出某缸压缩行程上止点（如从齿轮室盖观察孔见油泵凸轮已顶住喷油泵滚轮，或稍微转动一下曲轴，进、排气门保持不动，即说明是压缩上止点）。3）再用规定间隙的厚薄规片塞入气门杆端面与摇臂之间，轻轻来回抽动厚薄规片或用手指转动推杆略有阻滞感为宜。此时厚薄规厚度即为气门间隙值，如不符合规定，就松开锁紧螺母，用螺丝刀旋转调整螺钉进行调整，调合适后拧紧锁紧螺母。4）多缸机 2 个气门间隙值检调好后，再按发动机工作顺序，摇转一个做功间隔角，即四缸机 180°、六缸机 120°，调整下一个工作缸的两只气门，以此类推调完为止。

两次调整法。即全部气门经摇转曲轴二次即可调完。采用二次调整法之前必须知道柴油机的工作顺序和气门的排列顺序。国产四缸发动机工作顺序多为 1-3-4-2，气门间隙的调整方法基本相同。只是第一缸压缩上止点的记号位置和气门排列顺序有所不同：有些机型的记号在飞轮与壳体处，有些机型在曲轴皮带轮与正时齿轮室处，如图 2-29 所示。气门的排列顺序以进、排、进、排、进、排、进、排居多，还有些发动机的气门排列顺序为进、排、排、进、进、排、排、进。

以某四缸机工作顺序为 1-3-4-2，气门排列顺序为进、排、进、排、进、排、进、排为例。

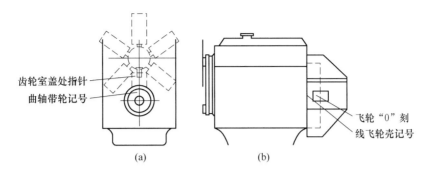

图 2-29 第一缸压缩上止点记号

（a）曲轴皮带轮 "0" 刻线与齿轮室处指针相对；（b）飞轮盖处记号与飞轮 "0" 刻线相对

（2）打开气门室盖，上紧摇臂支座螺母。

（3）找准第一缸压缩上止点。有减压机构的将减压机构固定在工作位置（非减压位置），摇转曲轴，同时观察第四缸的进气门。当第四缸进气门的摇臂刚一点头时，应慢转曲轴，待曲轴皮带轮上 "0" 刻线正好对准正时齿轮室盖上的指针（或飞轮上的 "0" 刻线正好对准飞轮壳上检查窗上的记号时），表明是第一缸压缩上止点，如图 2-29 所示。此时第一缸的进排气门均关闭，第二缸为做功下止点，进气门关闭，第三缸为进气下止点，排气门关闭，第四缸为排气上止点，进排气门都打开。若该发动机的气门排列顺序为进、排、进、排、进、排、进、排，可调 1、2、3、6 四个气门间隙（从前往后排列），因为这 4 个气门均为关闭状态。判断是第 1 缸或第 4 缸为压缩上止点的方法：通常是观察第 2 缸的排气门是否打开以及第 1 缸的进排气门是否关闭。如第 2 缸的排气门为打开状态，而第 1 缸的进排气门是关闭状态，则曲轴处于第 1 缸压缩上止点位置；如第 2 缸的进气门打开而第 4 缸的进排气门关闭，则曲轴处于第 4 缸压缩上止点位置。

（4）检查调整气门间隙。检查气门间隙时使用厚薄规。按气门间隙规定值选取厚薄规片，如能松快地插入气门间隙，说明间隙值偏大。这时松开调整螺钉锁紧螺母，可用螺丝刀拧入气门间隙调整螺钉如图 2-30、图 2-31 所示，直至拉动厚薄规稍感费力为止，然后锁紧螺母。

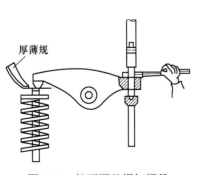

图 2-30 松开调整螺钉螺母

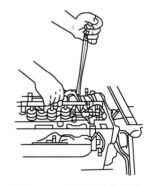

图 2-31 气门间隙的调整

反之，气门间隙值过小，应用螺丝刀拧出调整螺钉至用手抽动厚薄规有阻塞感为合适。一个气门调好后，再用同样方法调其他几个可调气门间隙。调完气门间隙后再复查一次。

（5）检查调整剩余气门间隙。上述 1、2、3、6 四个气门调好后，再顺时针转动曲轴 360°，使第四缸活塞处于压缩上止点，用同样的方法调整余下的第 4、5、7、8 四个气门间隙（从前向后排，即：二缸排气门，三缸进气门，四缸进、排气门）。

（6）气门间隙调完后，再转动曲轴几圈，复查一遍气门间隙，无误后，安装好气门罩盖等零件。

注意事项，1）在紧固锁紧螺母时，要用螺丝刀顶住调整螺钉，不能使其跟着转动，以免气门间隙发生变化。有的机型（485Q 型）调整气门间隙的同时，还要调整减压螺钉。减压螺钉的调整方法是：在 1、2、3、6 四个气门调完后，转动减压轴，使第一、二缸的减压螺钉处在垂直位置，接着调整第一、二缸的减压螺钉，使气门的最大开启值达 0.6~0.8 mm；在第 4、5、7、8 四个气门调完后，依同样方法再调整第三、四缸的减压螺钉。2）不同型号柴油机在热态和冷态时气门间隙数值不同，应按说明书中的规定数值进行检调。如 CA6110 型柴油机的冷态间隙，进气门为 0.30 mm，排气门为 0.35 mm；其热态间隙进气门为 0.25 mm，排气门为 0.30 mm。3）对于有减压机构的柴油机，在调整气门前，必须把减压机构手柄放在工作位置上。

调完气门间隙后再复查一次，达到规定值后安装气门罩盖。

五、配气相位和配气正时

（一）配气相位

用曲轴转角表示进、排气门实际开闭时刻及其延续时间，叫配气相位。配气相位用环形图来表示就叫配气相位图。

为了改善换气过程，增加总进气量，提高发动机工作性能，进、排气门的开启和关闭时刻并不是活塞到达在上或下止点处才开始的，而是采用提前打开和延迟关闭来延长进、排气时间。因此发动机的实际进、排气行程所对应的曲轴转角均大于 180°，如图 2-32 所示。

1. 进气门早开晚关

由于进气门在上止点前开启，从进气门开启到上止点间所对应的曲轴转角 α 称作进气提前角，α 角一般为 10°~30°；早开目的是活塞一开始下行就能形成较大流通面积的进气通道，增加进气量。从下止点至进气门关闭所对应的曲轴转角 β 称为进气滞后角。β 角一般为 40°~80°；晚关目的是利用气缸内尚存吸力和进气流的流动惯性多进气。从上分析可知，进气门持续开启时若用曲轴转角来表示，即进气门开启持续角应为：180° + β + α，如图 2-32 所示。

2. 排气门早开晚关

活塞到达下止点之前排气门打开，从排气门打开至下止点间所对应的曲轴转角 γ 就称为排气提前角，γ 角一般为 40°~80°；其目的是利用做功行程末期的膨胀余压让废气自行排出。

排气门在上止点后关闭，从上止点到排气门关闭所对应的曲轴转角 δ 称为排气滞后角，δ 角一般为 10°~30°；晚关目的是利用废气气流的流出惯性使气缸内残气更少。排气

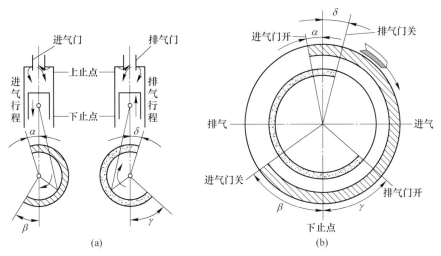

图 2-32 配气相位图

(a) 进气相位；(b) 排气相位

门开启持续，持续角应为 $180° + \gamma + \delta$。

3. 气门重叠期

在上止点附近出现了进、排气门同时开启的现象（进气道、燃烧室、排气道三者相通），称为气门重叠。对应的曲轴转角（$\alpha+\delta$）称为气门重叠角。气门重叠时，进、排气门虽然同时打开，但进、排气两个高速气流的方向不同和排气气流的惯性较大，而且气门重叠时间很短，这时气门开度也很小，短时间内不会改变流向，所以不会出现新鲜空气随废气从排气门排出和废气倒流入进气管。一般柴油机的气门重叠角为 $20° \sim 60°$，各机型柴油机配气相位参见其说明书。

（二）配气正时

配气正时是指为实现所确定的配气相位，必须保证凸轮轴正时齿轮与曲轴正时齿轮有正确的相对位置。为此，各种发动机在曲轴正时齿轮和凸轮轴正时齿轮上都做有专门的记号。装配时，这些特定的记号必须按规定对正。装配后，还应检查配气相位是否符合规定数值。

（三）配气相位的检查和调整（以上海 495A 型柴油机为例）

1. 配气相位检查

配气相位失准会导致内燃机工作不稳、冒烟和功率下降等。在使用过程中除装配失误外，因配气机构一些零件的磨损也会改变配气相位。因此，内燃机必须定期检查配气相位。

（1）检查方法有动态检查法和静态检查法两种。动态检查法是在内燃机着火运转时测定配气相位，这种检查需要一定设备。静态检查法是在内燃机静止时，用百分表和角度盘来检查配气相位，此方法适合维修点采用。

（2）静态检查法，1）将角度盘固定在曲轴前端或后端，也可随曲轴旋转，并在角度盘附近机体上做一固定指针。2）拆下气门室罩，检查前要将气门间隙、凸轮轴轴向间隙调整到标准值。3）然后转动曲轴，找出第1缸压缩上止点；将装上百分表的磁力表架放在气缸盖上平面。移动指针与刻度盘上的"0"相对；再将百分表头抵在第1缸进气门弹簧座上。4）按柴油机运转方向缓转飞轮，观察气门的移动及百分表指针停止的时刻，立刻停转，观察飞轮上的刻线是否与机体刻线对齐，如提前或滞后则需调整。此时指针在刻度盘指示的刻度值即是进气门打开的提前角。顺转曲轴，在下止点后也是在百分表指针刚停止时，立刻停转，此时指针在刻度盘上指示的刻度值减去180°，即是进气门关闭的滞后角。

2. 配气相位调整

（1）根据所测配气相位的数值与该机规定值相比较，通过偏差的大小进行分析判定，找出原因并加以调整。一般气门间隙过大造成配气相位角度减少，可适当改变气门间隙弥补。如进气门开启角提前或滞后，关闭角相应提前或滞后，这种现象主要是正时齿轮装配记号失准、齿轮磨损严重、齿侧间隙过大、凸轮轴与凸轮轴齿轮之间滚键等故障，则需进行相应维修。进气开启角滞后，关闭角相应提前，这种现象主要原因是凸轮轴磨损严重，凸轮高度不够，应更换凸轮轴。

（2）调整时，拧松凸轮轴齿轮上的3个螺钉，将凸轮轴按所需方向（如需提前，顺凸轮轴旋转方向；反之则按相反方向）转一适当角度，调好后拧紧3个螺钉。

（3）按上述方法校核一遍，如无误，装复气门室罩。

六、进排气系统

（一）进排气系统的功用与组成

进排气系统的功用是供给柴油机充足、清洁、新鲜的空气，并排尽废气，使柴油机正常工作。其主要由空气供给装置（空气滤清器、进气管道）和废气排出装置（排气管道、消声器）组成，如图2-33所示。

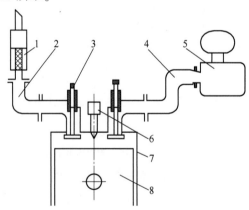

图2-33　进排气系统

1—消声灭火器；2—排气管道；3—气门；4—进气管道；5—空气滤清器；6—喷油器；7—气缸；8—活塞

（二）空气滤清器

1. 空气滤清器的功用

其功用是清除空气中的灰尘和杂质，将充足的洁净空气送入气缸内，减少气门、活塞环、活塞与气缸套等机件的磨损，延长发动机寿命。据在拖拉机上试验，如果把空气滤清器去掉，活塞环磨损将增加8~10倍，活塞和气缸套磨损将增加3~5倍，曲轴、连杆轴瓦和主轴承磨损增加2~5倍。同时功率下降，油耗增加。因此要设置空气滤清器是保证吸入气缸空气充足和洁净。

2. 空气滤清器的类型

空气滤清器按其滤清方式分为惯性式、过滤式和复合式三种，在这三种滤清方式中，若使用机油来提高滤清效果的称湿式滤清器，反之称干式滤清器。

3. 三级惯性油浴式空气滤清器

常用于S195和4115A型等柴油机上，其三级过滤是由粗滤部分（包括进气罩、导流片和集尘杯）、细滤部分（包括中心吸气管、油盘和油杯）和精滤部分（包括装在中心吸气管和壳体之间的上滤网盘和下滤网盘）组成，如图2-34所示。

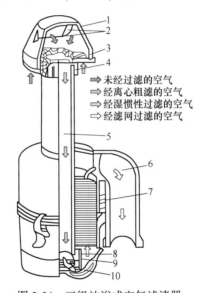

⇒未经过滤的空气
⇒经离心粗滤的空气
⇒经湿惯性过滤的空气
⇒经滤网过滤的空气

图 2-34　三级油浴式空气滤清器
1—进气罩；2—窗口；3—导向叶片；4—夹紧圈；5—中心管；6—出气管；
7—滤网；8—油杯；9—补油孔；10—储油盘

三级滤清是离心惯性滤清、湿式惯性滤清和湿式过滤滤清。柴油机工作时，在气缸内负压作用下，空气以高速沿切向导流片进入进气罩内，产生向上的旋转运动，较大的尘土粒在离心力作用下被甩向罩壁，进入集尘杯或从排尘口排出，进行离心惯性粗滤。经过离心粗过滤的空气，沿中心管向下冲击油杯中的机油，并急剧改变方向向上流动，部分尘土因惯性作用被油面粘住。经湿式惯性过滤的空气再向上通过溅有机油的金属滤网，细小尘土被黏附在滤网上，经滤网过滤后的洁净空气则从进气管进入气缸。油杯上的补油孔是储油盘向油杯中补油用的，储油盘机油应按油面标记加注。

4. 二级惯性过滤式空气滤清器

按是否有机油黏附尘粒装置分为湿式和干式空气滤清器两种。

（1）二级湿惯性油浴式空气滤清器，如图 2-35 所示，第一级粗滤采用惯性湿过滤，空气从滤清器壳体四周孔吸入后，先向下冲击油槽中的机油。再经油槽急剧改变方向向上流动，这时空气中重的尘土因惯性被吸附在机油中。第二级细滤是空气向上经过粘有机油的金属滤网时尘土被吸附，再次滤清。

（2）二级干惯性式空气滤清器，如 K1112 型纸质滤芯空气滤清器，常用于 195、1100、290 型等柴油机上，如图 2-36 所示，整个滤清器分粗滤和细滤两部分，第一级粗滤为离心惯性过滤，第二级细滤主要靠滤芯微孔滤纸，当粗滤后的空气通过滤芯时，除部分灰尘被滤芯挡住而吸附在它的外表面外，其余则落在外腔底部。较干净的空气穿过滤芯微孔，经下端中心管内腔进入气缸。空心圆柱形滤芯其内腔与进气管相通，滤芯两端有橡胶密封圈。

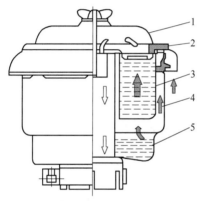

图 2-35　二级湿式空气滤清器
1—滤清器盖；2—密封垫圈；3—滤网总成；
4—滤清器壳；5—油槽

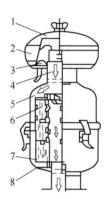

图 2-36　二级干式空气滤清器
1—旋风式粗滤器；2—集尘盘；
3—导流叶片；4—中心喉管；
5，7—上下壳体；6—纸质滤芯总成；8—密封圈

七、柴油机增压进气技术

增压进气技术是指利用柴油机排气驱动增压器中的涡轮机和同轴压气机，从而提高发动机进气压力和增加进气量。其功用就是通过增压器提高发动机进气压力和进气量，以增加进气中氧分子含量，使燃料充分燃烧，提高柴油机的动力性和经济性。实践表明，柴油机采用增压进气技术后可提高功率 10%～30%，同功率油耗下降 3%～10%，增压后发动机燃烧较完全，排烟浓度降低，废气中有害物质明显减少，降低机车排气污染和噪声。同时可缩小发动机结构尺寸。废气涡轮增压技术目前已在柴油机上得到广泛的应用。该技术装备主要由空气滤清器、增压器、中冷器等组成，如图 2-37 所示，关键部件是涡轮增压器。

（一）涡轮增压器的结构

目前车用柴油机常采用的径流脉冲式废气涡轮增压器，主要由涡轮壳、中间壳、压气机壳、转子体和浮动轴承等组成，如图 2-38 所示。

涡轮壳与内燃机排气管相连。压气机壳的进口通过软管接空气滤清器，出口则与内燃机气缸相通。压气机壳与压气机后盖板之间的间隙构成压气机的扩压器，其尺寸可通过二者的选配来调整。转子体由转子轴、压气机叶轮和涡轮组成。涡轮焊接在转子轴上，压气机叶轮用螺母固定在转子轴上，转子轴则支撑在两浮动轴承上高速旋转。转子轴高速旋转时（转速可达 100000 ~ 120000 r/min），来自柴油机主油道并经精滤器再次滤清，压力为 0.25 ~ 0.4 MPa 润滑油充满浮动轴承与转子轴以及中间壳之间的间隙，使浮动轴承在内外两层油膜中随转子轴同时旋转，但其转速比转子轴低得多，从而使轴承对轴承孔和转子轴的相对线速度大大降低。

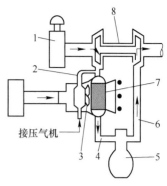

图 2-37　废气涡轮增压系统示意图
1—空气滤清器；2—抽气管；
3—中冷器风扇；4—进气歧管；
5—发动机；6—排气歧管；
7—中冷管；8—增压器

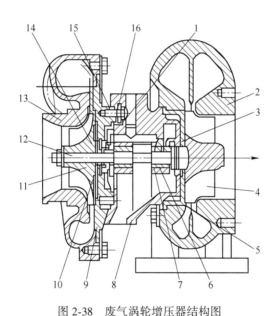

图 2-38　废气涡轮增压器结构图
1—推力轴承；2—涡轮壳；3—密封环；4—涡轮；5—隔热板；6—浮动轴承；
7—卡环；8—中间壳；9—压气机后盖板；10—密封环；11—压气机叶轮；12—转子轴；
13—压气机壳；14—密封套；15—膜片弹簧；16—"O"形密封圈

中间壳中设有密封环、密封环、密封套、"O"形密封圈等密封件，以防止压气机端的压缩空气和涡轮端废气漏入中间壳及防止中间壳润滑油外漏。

（二）涡轮增压器工作过程

工作时，由排气歧管排出的高温、高压废气流经增压器的涡轮壳，利用废气通道截面的变化（由大到小）来提高废气的流速，使高速流动的废气按一定方向冲击涡轮，并带动压气机叶轮一起旋转。同时，经滤清后的空气被吸入压气机壳，高速旋转的压气机叶轮将空气甩向叶轮边缘出气口，提高空气的流速和压力，并利用压气机出口处通道截面的变化（由小到大）进一步提高空气的压力，增压后的空气经中冷器和进气歧管进入气缸，如图 2-38 所示。

中冷器和冷却系统中的散热器相同，其功用是冷却增压后的空气，以降低进入气缸的空气温度，进一步增加发动机进气量。中冷器风扇的驱动，是从压气机一端引出 5%～10% 的增压空气经抽气管流至与风扇制成一体的涡轮，通过涡轮带动中冷器风扇转动。

八、配气机构的使用维护

（一）气门和气门座检修、研磨和密封性检查

1. 气门与气门座的检修

（1）气门检修，气门磨损达下列情形之一应更换：气门杆磨损超过 0.10 mm，或有明显台阶形；气门头圆柱厚度不到 1.0 mm；气门尾端磨损超过 0.5 mm 时。

（2）工作锥面修磨，气门磨损不严重，可对气门与气门座进行研磨。

（3）气门座的铰削，检查气门座工作锥面状态，密封环带过宽、有烧蚀、麻点而气门下陷量未超过允许不修值的可铰削修理。气门座经铰削后，再与气门研磨修理。若气门座口严重烧损或过度失圆，对镶有气门座圈的柴油机可更换座圈。镶气门座圈可用加热法，即将气缸盖均匀加热到 160°～180°，同时将座圈在液态二氧化碳（干冰）中冷却至 -70～-60 ℃时及时镶装。

气门座的铰削的方法如下：1）根据气门头直径和工作斜面，选择一组合适的铰刀；根据气门导管孔径选择铰刀导杆，导杆与导管的间隙应不大于 0.03 mm；2）用 45°或 30°粗刃铰刀铰削工作锥面，直至消除旧座圈表面的凹坑和麻点；3）分别用 15°和 75°铰刀铰削工作锥面的上口或下口，修正工作锥面宽度和位置，检查下陷量，使之符合技术要求；4）最后用 45°细刃铰刀精铰，直至表面粗糙度和接触环带宽度均符合要求；5）铰削后气门座要检查其下沉量不得大于 2 mm，否则更换气门座。

2. 气门与气门座的研磨

气门与气门座的研磨常用气门研磨机研磨和手工研磨两种，维修点多采用手工研磨。手工研磨时，在气门工作面上涂上一层很薄的粗研磨膏，在气门杆上涂上润滑油，插入导管内，用气门导管带动气门在气门座上一边往复转动（转角在 1/4～1/2 圈）研磨，一边上下敲击，如图 2-39 所示，同时要不断调换气门与气门座的相对位置。当气门与气门座锥面上出现一条整齐的接触带时，用煤油洗去粗研磨膏，换用细研磨膏继续研磨。当锥面出现整齐的暗灰色环带时，洗去细研磨膏，涂上机油进一步研合。注意：研磨时不得将研磨膏掉入气门导管中，以免磨大导管间隙；研磨后的气门与气门座不得调换。

3. 气门与气门座研磨质量的检查

检查研磨质量即检查研磨后的密封性，常用画线法和浸油法两种方法。

（1）画线法。拆卸气门组合件，在气门工作锥面上径向均匀画上 8～12 条细铅笔线，如图 2-40 所示，将气门装到气门座上轻拍几次，若每条铅笔线条均在接触部位中断为合格。

（2）浸油法。装好气门组合件，气缸盖倒置，从进、排气支管处注入少量煤油，在 2~3 min 内，若气门口处不漏油即为合格。若气门贴合不良，必须研磨气。

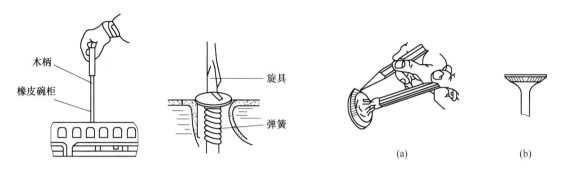

图 2-39 手工研磨气门

图 2-40 画线法检验密封性
（a）在气门工作面上画线；
（b）拍打后的气上画线门工作面

九、配气机构常见故障诊断与排除

配气机构常见故障诊断与排除见表 2-4。

表 2-4 配气机构常见故障诊断与排除

故障名称	故障现象	故 障 原 因	排除方法
气缸漏气	气缸漏气	1. 气门和气门座有积碳或烧蚀； 2. 气门杆和气门导管配合间隙过大，使气门关闭时偏斜； 3. 气门弹簧力不足或折断； 4. 气门间隙过小，气门与气门座受热后密封不严	1. 清除积碳，研磨气门； 2. 更换气门和气门导管； 3. 更换气门弹簧； 4. 调整气门间隙
气门有异响	气门有敲击声	1. 气门间隙过大，使摇臂敲击气门杆端部； 2. 气门间隙过小，或配气相位失准，或气门下陷量不足，使气门与活塞顶相撞	1. 调整气门间隙； 2. 检查调整气门间隙或配气相位，铰削气门座
气门脱落	气门脱落	1. 气门杆上锁片或卡簧因振荡而脱落； 2. 气门弹簧折断	1. 熄火查明原因并排除； 2. 更换气门弹簧

第四节　燃油供给系统

一、燃油供给系统的功用和组成

燃油供给系统的功用是根据柴油机的工作顺序和各缸工作循环，定时、定量、定压地将清洁的柴油以雾状喷入气缸和压缩后的空气混合燃烧做功，燃烧后的废气经净化处理后排入大气。

燃油供给系统由低压油路、高压油路和回油路（限压阀和回油管等）三部分组成。

二、燃油供给系统的工作过程

发动机工作时，气缸内的真空负压把空气经空气滤清器滤清后吸入各气缸，完成空气的供给工作。同时，在发动机的带动下，输油泵把柴油经过低压油管从柴油箱吸出并输送往柴油滤清器，然后进入喷油泵，经喷油泵增压后的柴油，再经高压油管压入喷油器而直接喷入燃烧室与高温压缩空气混合并燃烧；最后气缸内燃烧的废气从排气管中排出。输油泵的供油量比喷油泵的最大喷油量大 3~4 倍，大量多余的燃油经喷油泵进油室一端的限压阀和回油管流回输油泵进口或直接流回柴油箱，喷油器泄漏的柴油也经回油管流回油箱。

三、燃烧室

当活塞到达上止点时，气缸盖和活塞顶组成的密闭空间称为燃烧室。拖拉机柴油机常用的燃烧室类型分为直接喷射式和分隔式燃烧室两种。

（一）直接喷射式燃烧室

直接喷射式燃烧室由凹顶活塞顶部与气缸盖底平面部所包围的单一内腔组成，几乎全部容积都在活塞顶部，燃烧室呈 "W" 形和球形等，如图 2-41 所示，喷油器直接伸入燃烧室。特点是结构紧凑、散热面积小，燃油自喷油器直接喷射到燃烧室中，借助喷雾形状与燃烧室形状匹配，以及燃烧室内空气涡流运动，迅速形成混合气，故发动机启动性能好，做功效率高，油耗较低。一般选配双孔或多孔喷油器。

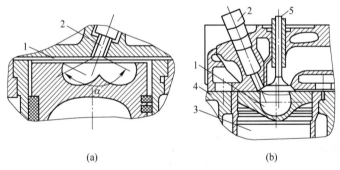

(a)　　　　　　　　　　　　(b)

图 2-41　直喷式燃烧室

（a）"W" 形；（b）球形

1—燃烧室；2—喷油器；3—活塞；4—气缸体；5—气门

（二）分隔式燃烧室

分隔式燃烧室由位于活塞顶与气缸盖底面之间的主燃烧室和气缸盖中的副燃烧室两部分组成。主副燃烧室通过一个或几个孔道相连。常见有涡流室式和预燃室式燃烧室两种，如图 2-42 所示。其特点是柴油在副燃烧室内燃烧后喷入主燃烧室继续燃烧，所以工作较柔和、噪声较小，喷油器装在副燃烧室内，一般采用轴针式喷油器，喷油压力要求不高。但燃烧室散热面积较大，放热效率较低，油耗较高，目前较少采用。

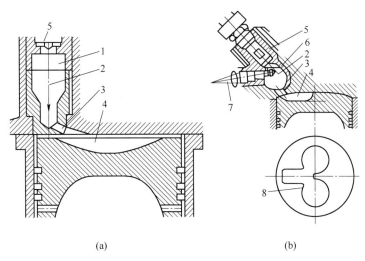

图 2-42　分隔式燃烧室

（a）预燃室式燃烧室；（b）涡流室式燃烧室

1，2—预燃烧室；3—通道；4—主燃烧室；5—喷油器；6—副燃烧室；7—预热室；8—气流运动轨迹

涡流室式的副燃烧室是球形或圆柱形涡流室，其容积占燃烧室总容积的 50%～80%，涡流室有切向通道与主燃烧室相通。预燃室式缸盖上的预热室占燃烧室总容积的 1/3，预燃烧室与主燃烧室有通道。

四、柴油机燃油供给系统低压油路

低压油路是指从油箱到喷油泵入口处的油路，油压一般为 0.15～0.3 MPa。它主要包括燃油箱、沉淀杯、柴油粗滤清器、细滤清器、输油泵和到喷油泵入口的低压油管等。

（一）燃油箱

燃油箱是储存柴油。上有加油口内装滤网、油箱盖上有通气孔；底部有滤网、开关和放油螺。

（二）柴油滤清器

其功用是滤清柴油中的杂质和水分，保证输油泵、喷油泵、喷油器工作正常和减少三大精密偶件等供油零件的磨损。柴油滤清器常用的有油水分离器、柴油粗滤器和细滤器三种装置。

1. 油水分离器

它是滤网式透明沉淀杯结构。串联在油箱和滤清器之间，用来过滤和沉淀杂质及水分。

2. 柴油粗滤器

过滤柴油中较大的杂质。滤芯一般由金属滤网或纸质等制成，使用中需进行清洗或更换。

3. 柴油细滤器

过滤油中较小的杂质。拖拉机上多采用纸质滤芯柴油细滤清器，其结构如图 2-43 所示，主要由滤清器座、罩壳、滤芯、密封垫圈和弹簧等组成。滤芯内部为多孔薄钢片中心管，外面包着折叠式滤纸，两端用端盖、密封垫圈密封，装在罩壳内，靠弹簧压紧。

柴油机工作时，柴油在自重和输油泵吸力的作用下，通过低压油管按箭头方向进入滤清器壳体内与滤芯之间的外腔，再从下往上，从滤芯外部向内流动。由于容积增大，流速降低，流向改变，比柴油重的水分和较大的杂质在重力作用下沉淀于滤清器壳底部，而较小杂质随柴油流动被吸附于滤芯表面。过滤后的柴油进入滤芯内腔，从滤芯中心孔、滤座的出油口、低压油管进入喷油泵壳体内。在滤清器盖上有放气螺塞，用以排除进入低压油路中的空气。有些滤清器盖上设有限压阀，当油压超过 0.1~0.15 MPa 时，限压阀开启，多余的柴油经限压阀直接回油箱。底部设有放油螺钉。回油管接头与喷油器回油管相接，多余的柴油经回油管流回油箱。

部分柴油机采用双级纸质滤芯，以保证进入喷油泵的柴油得到充分过滤。它由滤清器座、滤芯、压紧弹簧中心密封圈、滤芯密封圈和放气螺塞等组成。其工作过程：柴油经进油管接头进入滤清器壳内和纸质滤芯构成的外部空间，经第 1 级滤芯滤清后进入其内腔；然后经座上的放气阀油道进入第 2 级滤清器壳内，经第 2 级滤芯过滤后，更清洁的柴油经滤清器座上的油道进入喷油泵。

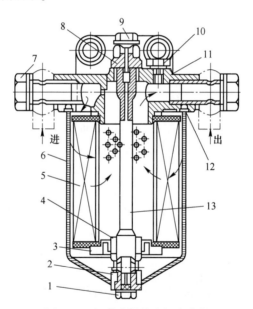

图 2-43　纸质滤芯柴油细滤清器

1—放油螺钉；2—弹簧；3—滤芯垫圈；4，12—密封垫；5—滤芯；6—外壳；7—进油管接头；
8—螺套；9—回油管接头；10—放气螺钉；11—滤清器盖；13—中心拉杆

4. 柴油滤清器的使用维护

使用时，应注意滤清器进、回油管接头不可装反。定期拧下排污口上的排污螺塞，去除积聚在滤清器内的污垢和水；同时还应定期清洗或更换柴油滤芯，一是滤芯堵塞或油路有气而供油不足，二是滤芯损坏或安装不当产生供油不洁。其清洗步骤是：（1）将燃油滤清器的开关转向关的位置；（2）拆下滤清器外壳，清洗滤清器、滤芯或更换滤芯。洗纸质滤芯时，应将滤芯端面的中心孔堵住，防止污物进入滤芯内腔，清洗后用压缩空气吹干。有些柴油滤清器滤芯为一次性的，需定期更换；（3）检查滤清器接头、各密封垫圈和滤芯等是否损坏或老化变形，若有损坏、老化应更换；（4）检查限压阀、球阀应在导孔内移动灵活，球阀弹簧等不应有变形或损坏；（5）在壳体内装满燃油；（6）打开燃油开关，让燃油一边流出，一边在不让空气进入壳体内的情况下应按顺序装上，注意弹簧、垫片、密封圈的正确位置不可漏装或装反。进出油管接头处的垫圈和放气螺钉处一般是紫铜或铝片，安装时应注意使垫圈平贴并适当压紧，各密封垫圈必须完整无损，并安装到位，密封可靠，各螺纹件拧紧以不发生渗漏为准，过度拧紧易造成损坏；（7）当有空气进入时，应及时排除油路中的空气，松开滤清器上的放气螺钉，用手油泵泵油，直到放气螺钉处于不再有泡沫油流出时，拧紧放气螺钉；继续泵油，直到低压油路充满柴油为止，最后拧紧手泵柄螺塞；（8）部分柴油机采用2级滤清器串联，左边为第1级，右边为第2级。柴油机每工作200 h后需更换第1级滤芯。更换时可将第2级滤芯装在第1级内，在第2级内换上新滤芯。

（三）输油泵

其功用是提高燃油输送压力，保证向喷油泵输送压力稳定，数量足够的燃油。其最大的供油量一般为柴油机满负荷工作所需油量的3~4倍，且供油量能随所需自动调节。柴油机广泛、使用活塞式、膜片式输油泵。

1. 活塞式输油泵

（1）活塞式输油泵又称柱塞式输油泵，其构造如图2-44所示。输油泵主要由壳体、活塞、推杆、出油阀和手油泵等组成，活塞将泵体内腔分为前、后两腔，活塞的位置决定了两腔、容积的大小。该输油泵一般和喷油泵安装在一起，并由喷油泵凸轮轴上的偏心凸轮驱动输油泵内活塞、在推杆和弹簧作用下做往复运动。

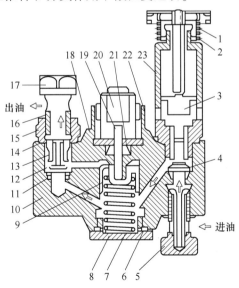

图 2-44　活塞式输油泵

1—手柄；2，7—弹簧；3—手油泵活塞；4—进油止回阀；5，17—空心螺栓；6，14，16—密封垫片；8—螺塞；9—输油泵活塞；10—输油泵体；11—压套；12—出油止回阀；13—止回阀弹簧；15—出油管接头；18—"O"形密封圈；19—顶杆；20—滚轮部件；21—橡胶密封环；22—卡环；23—手油泵体

（2）活塞式输油泵工作原理，如图 2-45 所示。

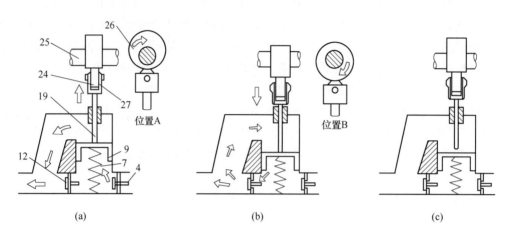

图 2-45　活塞式输油泵工作原理

（a）进油和压油状态；（b）储油状态；（c）调节状态

4—进油止回阀；7—弹簧；9—输油泵活塞；12—出油止回阀；19—顶杆；

24—滚轮；25—喷油泵凸轮轴；26—偏心轮；27—滚轮支架

1）压油和进油。柴油机工作时，曲轴驱动凸轮轴转动，当凸轮轴上偏心轮凸起部分转到背离滚轮，偏心轮凸起升程产生的推力小于弹簧张力时活塞后（上）移，后腔容积减小、油压升高，将出油止回阀关闭，柴油被压入滤清器；同时活塞前腔容积增大，油压减小，将进油阀打开，出油阀关闭，吸入柴油，完成压油和进油两个过程，如图 2-45（a）所示。

2）储油。偏心轮继续转动，当凸轮轴上的偏心轮凸起部分顶起滚轮推动推杆，其升程产生的推力大于弹簧张力时活塞前（下）移，活塞前腔容积减少，油压增加，将进油阀关闭，出油阀开启，前腔柴油经出油阀进入活塞后腔，如图 2-45（b）所示。

3）油量自动调节。当喷油泵需油量减小或滤清器堵塞，活塞后腔压力升高，弹簧仅能将活塞推到与油压平衡的位置，活塞行程减小，输油量减小；反之，负荷增加，需油量增大，活塞行程增加，如图 2-45（c）所示。

4）手压泵油。当油管中进有空气时，可拧开细滤清器和喷油泵上的放气螺塞；提起手油泵手柄，活塞上移，进油阀开启，出油阀关闭，柴油即流入手油泵油腔内；然后压下手油泵手柄，活塞下移，使进油阀关闭、出油阀打开，柴油经出油阀流向喷油泵和各油道中去。如此连续扳动输油泵手柄，直接将柴油从油箱吸出，利用油流将燃油装置中空气驱出，不用时，拧紧放气螺塞，以利启动和工作。

（3）安装输油泵时，必须注意输油泵体和喷油泵体之间垫片的厚度，垫片过薄，输油泵推杆行程小，泵油量减少；垫片过厚，推杆和活塞发生干涉。

2. 膜片式输油泵

膜片式输油泵结构如图 2-46 所示，主要是将膜片代替活塞，将泵体分为上下两个腔。它常固定在柴油机机体侧面，由凸轮轴上的偏心轮驱动。工作过程类同活塞式输油泵。

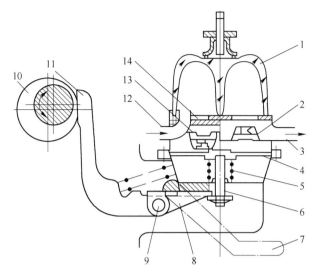

图 2-46 膜片式输油泵

1—油杯；2—出油阀；3—出油管；4—膜片；5—弹簧拉杆；6，7—手压杆；8—连接杆；
9—摇臂轴；10—偏心轮；11—摇臂；12—进油管；13—进油阀；14—滤网

五、柴油机燃油供给系统高压油路

高压油路是指喷油泵到喷油器处的油路，油压在 12 MPa 以上。它主要包括喷油器、高压油管和喷油泵附带调速器总成等。

（一）喷油器

1. 功用和要求

其功用是将喷油泵供给的高压柴油以一定的压力呈雾状喷入燃烧室，与压缩空气形成良好的可燃混合气。对喷油器的要求：（1）雾化均匀；（2）喷射干净利落；（3）无后滴油现象；（4）喷射压力、射程、喷射锥角适应燃烧室要求。

2. 组成和类型

喷油器由针阀偶件、壳体、调压件三部分组成。针阀偶件由针阀和针阀体组成，并用螺套装在壳体上。壳体用来安装调压件和进、回油管等部件，并利用定位销将喷油器定位。调压件是控制和调节喷油器开启压力装置，由顶杆、调压弹簧、调压螺钉等组成，通过调压螺钉或调压垫片改变调压弹簧预紧力来调整喷油压力。柴油机常用的闭式喷油器（不喷油时，喷孔被针阀关闭）可分为孔式喷油器和轴针式喷油器两大类。

（1）孔式喷油器。

1）孔式喷油器多用于直接喷射式燃烧室，孔数为 1~8 个，孔径为 0.2~0.8 mm。

孔式喷油器由针阀、针阀体、顶杆、调压弹簧、调压螺钉及喷油器体等零件组成，如图 2-47 所示。

其主要部件是针阀偶件，相互配合的滑动圆柱面间隙仅为 0.001~0.0025 mm，通过高精密加工和选配成对研磨，不同喷油器偶件不能互换。

针阀上部有凸肩，通过顶杆承受调压弹簧的预紧力，使针阀处于关闭状态；此时，凸肩与喷油器体下端面的距离为针阀最大升程，其大小决定喷油量的多少，一般升程为0.4~0.5 mm；调压弹簧的预紧力决定针阀的开启压力或喷油压力，调整调压螺钉可改变喷油压力的大小（拧入时压力增大，反之压力减小），通过调压螺钉盖将其锁紧固定。针阀体与喷油器体的结合处用1~2个定位销防针阀体转动，以免进油孔错位。针阀中部的环形锥面（承压锥面）位于针阀体的环形油腔中，其功用是承受由油压产生的轴向推力，使针阀上升。

针阀下端的密封锥面与针阀体相配合，组成喷油嘴偶件，起密封喷油器内腔的功用，如图2-48所示。

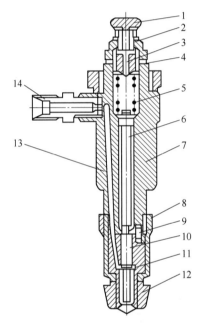

图 2-47　孔式喷油器 1
1—回油管螺栓；2—调压螺钉盖；3—调压螺钉；
4—垫圈；5—调压弹簧；6—顶杆；7—喷油器体；
8—喷油器紧固螺套；9—定位销；10—针阀；
11—针阀体；12—喷油器锥体；
13—油道；14—进油管接头

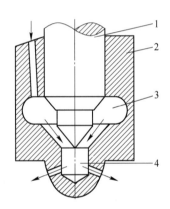

图 2-48　孔式喷油器 2
1—针阀；2—针阀体；
3—高压油腔；4—压力室

2）孔式喷油器工作原理，如图2-47、图2-48所示。

①喷油。喷油泵供油时，高压柴油从进油口进入喷油器体与针阀中的油道进入针阀中部周围的环形槽，再经斜油道进入针阀体下面的高压油腔内，高压柴油作用在针阀锥面上，并给针阀锥面一个向上的轴向推力，当推力大于针阀弹簧张力和针阀偶件之间的摩擦力，使针阀向上移动，打开喷油孔，高压柴油经喷油孔喷入燃烧室。

②停油。油泵不供油时，高压油管内的压力骤然下降，作用在喷油器针阀的锥形承压面上的推力迅速下降，在弹簧张力作用下，使针阀锥面迅速封闭喷孔，停止喷油。

③回油。喷油器工作时从针阀偶件间隙中泄漏的柴油流经调压弹簧端、回油管接头螺栓、回油管流回滤清器，用来润滑喷油器偶件。

孔式喷油器喷孔的位置和方向与燃烧室形状相适应，以保证油雾直接喷射在燃烧室。喷射压力较高，喷油压力为 17.5 MPa。喷油头细长，喷孔小，易堵塞；加工精度高。有的已改定向单孔结构，并将孔径加大到 0.5 mm，喷孔中心线与针阀中心线夹角为 22°，在保证一定安装角度时，效果也较理想。

（2）轴针式喷油器。

1）它由喷油器体、针阀体和针阀组成的精密偶件，以及顶杆、调压弹簧、调压螺钉等组成的调压机构等构成，如图 2-49 所示。针阀中部为圆柱形，与针阀体内孔相配合，起密封和导向作用。下部有两个圆锥面，较大的 1 个圆锥面位于针阀体环形油腔中，称为承压锥面；较小的 1 个圆锥面则与针阀体下端的圆锥面相配合起阀门作用，称为密封锥面。密封锥面以下还延伸出一个轴针，其形状有倒锥形和圆柱形，如图 2-50 所示。密封锥面的一部分可伸出孔外，圆柱形部分则位于喷孔中并与喷孔有一定的间隙（轴针与孔的径向间隙一般为 0.005～0.25 mm），使喷出的燃油呈空心的锥状或柱形。针阀体上端有一凸肩，当针阀关闭时，凸肩与喷油器体下端面有一定距离，以控制针阀升程，其升程值为 0.35～0.40 mm。

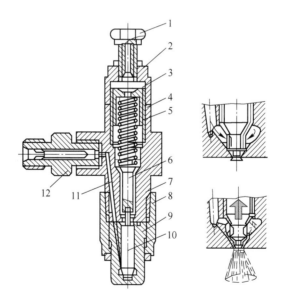

图 2-49　轴针式喷油器

1—回油管螺栓；2—调压螺钉盖；3—调压螺钉；4—垫圈；5—调压弹簧；6—顶杆；7—喷油器体；
8—喷油器紧固螺套；9—针阀体；10—针阀；11—油道；12—进油管接头

2）轴针式喷油器工作原理和特点，轴针式喷油器主要用于分隔式燃烧室上。该喷油器的工作原理与孔式喷油器相同。轴针式喷油器只有一个喷孔，其直径一般在 1～3 mm，喷油压力较低，为 10～14 MPa。喷孔直径大，加工方便。工作时由于轴针在喷孔内往复运动，能清除喷孔中的积碳和杂物，工作可靠。

3. 喷油器的拆卸

喷油器的固定方式有圆孔压板固定和叉形压板固定。拆卸步骤如下：（1）首先拆下高压油管和固定螺母，取出总成；（2）清洗外部，在喷油器试验台上进行检验，检查喷射初始压力、喷油质量和漏油情况，如质量不好必须解体；（3）分解喷油器上部，旋松调压螺钉紧固螺母，取出调压螺钉、调压弹簧和顶杆；（4）将喷油器倒夹在台钳上，旋下针阀体紧固螺母，取下针阀体和针阀；（5）将针阀偶件用清洁的柴油浸泡。分解针阀与针阀体分解过程中应注意保护针阀的表面，以防划伤；（6）喷油器垫片，在分解后应与原配喷油器体放置在一起。

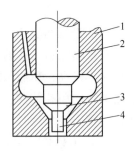

图 2-50　轴针式喷油器
1—针阀；2—针阀体；
3—密封锥面；4—轴针

（二）喷油泵

1. 功用

喷油泵又称高压油泵（简称油泵），其功用是提高柴油的输送压力，并根据发动机不同工况的要求，定时、定压、定量的将高压燃油送至喷油器，经喷油器喷入燃烧室。

2. 对喷油泵的要求

（1）定时：严格按照规定的供油时刻准确供油。（2）定压：保证喷射压力和雾化质量。（3）定量：根据柴油机负荷的大小供给精确的油量。（4）均匀：保证各缸工作的均匀性，要求各缸相对供油时刻、供油量和供油压力等参数可调并相同。（5）供油开始和结束要求动作敏捷，断油干脆，避免滴油。

3. 喷油泵的类型

拖拉机上以前常用的是机械式喷油泵主要有柱塞式和转子分配式两类。柱塞式喷油泵性能良好，使用可靠，大多数柴油机均采用此泵，它与调速器、输油泵等组成一体，固定在柴油机一侧的支架上。转子分配式喷油泵是依靠转子驱动柱塞实现燃油的增压（泵油）及分配，它具有体积小、质量轻、成本低、使用方便等优点，尤其体积小，利于发动机的整体布置。2018 年以来，为节能、环保达到国家 GB 标准，拖拉机上已采用电控 VE 分配泵、电控单体泵和电子高压共轨技术。

4. 柱塞式喷油泵

拖拉机上常用柱塞泵有 Ⅰ、Ⅱ、Ⅲ 号和 A、B 型，P、Z 等系列，其结构原理大体相同。

下面以 Ⅰ 号泵为例，柱塞式喷油泵由泵油机构、油量调节机构、传动机构和泵体等组成，如图 2-51 所示。

该泵是利用柱塞在柱塞套内的往复运动实现吸油和压油。每一副柱塞与柱塞套组成的泵油机构称为分泵，只向一个气缸供油。单缸柴油机由一套柱塞偶件组成单体喷油泵；多缸柴油机则由多套泵油机构分别向各缸供油。中、小功率柴油机大多将各缸的泵油机构组装在同一壳体中，称为多缸泵；也有采用数目与气缸数相等的分泵分别向各缸供油。

（1）泵油机构也称为分泵或单体泵，如图 2-52 所示。其功用是使柴油产生高压。它是由一套柱塞偶件、出油阀偶件、柱塞弹簧和出油阀弹簧等组成。

1）出油阀偶件。出油阀偶件包括出油阀芯和出油阀座。出油阀芯和出油阀座是一对精密偶件，如图 2-53 所示，经配对研磨后不能互换，其配合间隙为 0.01 mm。出油阀是一个单向阀，其功用是密封、导向、输油和减压。柱塞回油开始时，在出油阀弹簧力作用下，出油阀上部密封圆锥面与阀座严密配合，停供时，隔绝高压油路，防止高压油管内的油倒流入喷油泵内。出油阀下部呈十字断面，既可导向又能通过柴油。

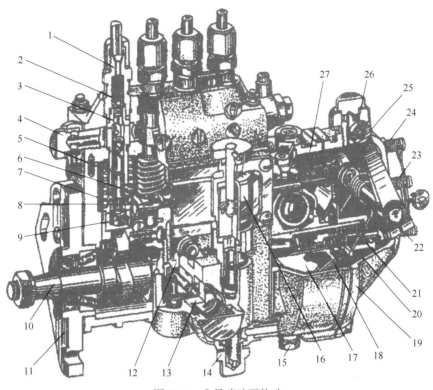

图 2-51　Ⅰ号喷油泵构造

1—高压油管接头；2—出油阀；3—出油阀座；4—进油螺钉；5—套筒；6—柱塞；7—柱塞弹簧；8—油门控杆；
9—调节臂；10—凸轮轴；11—固定接盘；12—输油泵偏心轮；13—输油泵；14—进油螺钉；15—放油螺塞；
16—手油泵；17—驱动盘；18—从动盘；19—壳体；20—滑套；21—校正弹簧；22—油量调整螺钉；
23—怠速限位螺钉；24—高速限位螺钉；25—调速手柄；26—高速弹簧；27—飞球

出油阀锥面下有一小圆柱面，称减压环带，供油时，减压环带上移，离开阀座；供油终了回油时，出油阀被弹簧压向出油阀座，当减压环带下边缘一落入阀座孔内，高压油管与柱塞上腔通路即被切断。随着出油阀芯继续下移，减压环带逐渐进入出油阀座内，像小活塞一样，使高压油管内容积很快增大，油压迅速下降，达到减压目的，使喷油器针阀迅速关闭，停喷迅速干脆，避免喷油器产生后滴和浸油现象。喷油完了时，减压环带和密封锥面还阻止了柱塞下行时高压油管内柴油的回流，使之维持一定量的柴油和余压，从而保证下次供油及时和油量稳定。

2）柱塞偶件。它是由柱塞和柱塞套组成，也是一对精密偶件，配对研磨后不能互换，其径向间隙为 0.002～0.003 mm。柱塞上部的出油阀由出油阀弹簧压紧在阀座上。柱塞头部的外圆柱面上说有斜槽，斜槽通过径向孔、轴向孔和柱塞顶部相通。柱塞中部有一浅小环槽，贮存少量柴油，润滑柱塞和柱塞套筒之间的摩擦面。柱塞下端与装在滚轮体中

　　的垫块接触，柱塞弹簧通过弹簧座将柱塞推向下方，并使滚轮保持与凸轮轴上的油泵凸轮相接触。柱塞尾部有油量调节臂，通过转动调节臂改变柱塞与柱塞套的相对位置，实现供油量的变化。

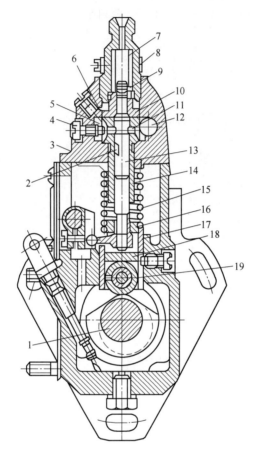

图 2-52　Ⅰ号喷油泵分泵

1—凸轮轴；2—柱塞斜槽；3—泵盖；4—定位螺钉；5—回油道；6—回油孔；
7—出油阀弹簧；8—出油阀紧座；9—出油阀；10—出油阀座；11—进油孔；12—进油道；
13—柱塞；14—柱塞套筒；15—柱塞弹簧；16—弹簧座；17—挺柱体；18—垫块；19—滚轮

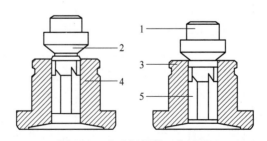

图 2-53　出油阀偶件工作过程

1—出油阀芯；2—密封锥面；3—减压环带；4—出油阀；5—导向部

　　柱塞套上有进、回油孔，都与喷油泵体内的低压油腔相通。有定位凹槽的为回油孔，柱塞套装入泵体后，回油孔应用定位螺钉定位。

3）工作过程。工作时，在喷油泵凸轮轴的凸轮和柱塞弹簧的作用下，迫使柱塞在柱塞套内做往复直线运动；在柱塞向上运动，当其顶面密封套筒上的进油口时，油泵腔油压才上升到使喷油器针阀抬起开始供油，而当柱塞斜槽和回油孔接通时，油泵腔中的柴油经中心孔流入回流管，供油就结束。柱塞往复一次，喷油泵完成一次吸油、压油和回油过程，见图2-54。同时当驾驶员操纵油门，使供油拉杆前后移动，供油拉杆经调节臂（或齿套）传动，使柱塞在柱塞套筒内做一定角度范围的转动，改变柱塞供油的有效行程，使供油量改变。

当要停车时，拉动调速器上的停油手柄，强制供油拉杆退到停止供油位置，发动机熄火。①进油过程。当凸轮的凸起部分转过去后，在柱塞弹簧力的作用下，柱塞下移，柱塞套上腔容积增大，如图2-54（a）所示位置，出油阀关闭。当柱塞上边缘将进油孔和回油孔打开时，低压柴油便从这两个孔被吸入柱塞套上腔及柱塞斜槽。直到柱塞下移到下止点，进油结束。②压油过程。当凸轮的凸起部分转到顶起滚轮体时，克服柱塞弹簧力推动柱塞上移。在自下止点上移的起初有一部分燃油从泵腔挤回低压油腔，直到柱塞上部的圆柱面将进、回两个油孔完全封闭时，如图2-54（b）所示。柱塞继续上升，柱塞上部的燃油压力迅速增高到足以克服出油阀弹簧力和高压油管剩余压力时，出油阀即开始上升。当出油阀的圆柱环形带离开出油阀座时，高压燃油便通过高压油管流向喷油器。当燃油压力高出喷油器的喷油压力时，喷油器则开始向燃烧室喷油。③回油过程。当柱塞继续上移到斜槽与柱塞套回油孔相通位置时，如图2-54（c）所示，柱塞套上腔内的高压柴油经柱塞轴向孔、径向孔和斜槽，向回油孔回流到低压油室中，使柱塞上腔的油压迅速下降，出油阀在弹簧压力作用下立即回位关闭，喷油泵停止供油。此后柱塞仍继续上行，直到凸轮的凸起部分转过后，在弹簧力作用下，柱塞又下行，开始下一个循环。凸轮轴旋转一圈，柱塞往复一次，供一次油，称为"一个供油循环"。每一个供油循环，供一次油，所供出的油量称为"循环供油量"。如图2-54（e）所示，从开始供油到供油终了柱塞所移动距离称为柱塞有效行程或供油行程。多缸机喷油泵凸轮轴转一圈，凸轮轴上每一个凸轮推动一个柱塞上下运动一次，各分泵按规定顺序和时间分别泵油一次。为了保证喷油时刻准确，各传动齿轮上都有装配标记，装配时必须对准记号。为了使喷油泵供油迅速，断油干脆，不滴油和正常喷射，要求出油阀具有减压作用。④循环供油量的调节。柱塞在柱塞套内上下止点间往复运动的距离h则称为"柱塞行程"，它等于凸轮升程，是不能改变的，如图2-54（e）所示。柱塞只在这个行程的一段内供油。当柱塞上移，在柱塞完全封闭柱塞套进油孔之后到柱塞斜槽和回油孔开始接通之前的这一部分柱塞行程hg内才泵油，hg称为柱塞有效压油行程。改变有效压油行程的长短就改变循环供油量的大小。显然，喷油泵每次泵出的油量多少取决于有效行程的长短。

由于柱塞切槽是斜的，且开始供油时刻不变，即不随有效压油行程的变化而变化。因此，在同一凸轮位置下，当驾驶员操纵油门，使供油拉杆前后移动带动调节臂（或齿套）转动，使柱塞在柱塞套内转动一定的角度，就改变了柱塞斜槽上边缘与柱塞套回油孔下边缘的相对位置，从而改变了供油终了时刻、柱塞有效压油行程和循环供油量。将柱塞转向图2-55中箭头所示的方向，有效行程的供油量即增加；反之则减少。

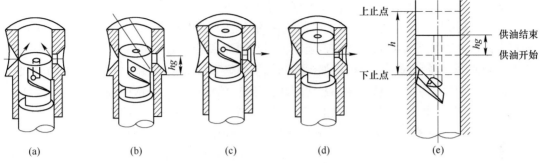

图 2-54　柱塞式喷油泵泵油原理示意图

（a）进油过程；（b）压油过程；（c）回油过程；（d）空行程；（e）有效行程

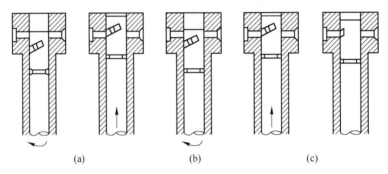

图 2-55　喷油泵油量调节

（a）最大供油量；（b）部分供油量；（c）不供油

最大供油量：当柱塞斜槽最低部分相对进回油孔，柱塞有效行程最长，循环供油量最大。

部分供油量：将柱塞转动一定的角度，斜槽较高部分相对进回油孔，柱塞有效行程缩短，循环供油量减少。

不供油：柱塞继续转动，斜槽最高部分相对进回油孔，柱塞仍然做往复运动，而柱塞套上腔始终与进回油孔、环形油室相通，柱塞有效压油行程为零，不能压油，供油中断。

柱塞斜切槽有左右旋之分。面对切槽，右旋柱塞可增大供油量的即为右旋，反之为左旋。一般喷油泵安装在拖拉机前进方向左侧时，采用左旋切槽柱塞，反之则用右旋。

（2）供油量调节机构其功用是根据工作负荷大小，转动柱塞改变有效供油行程长短从而改变循环供油量。多缸机要调整处理各分泵供油均匀性。按转动柱塞的机构分为齿杆式、拨叉式和球销式三种，如图 2-56 所示。

1）齿杆式油量调节机构。该机构主要由柱塞、柱塞套、调节齿杆、齿圈、调节套筒等组成。工作时，通过齿杆左右移动来带动可调齿圈转动，可调齿圈通过控制套筒带动柱塞旋转而改变供油量，如图 2-56（a）所示，A 型泵采用此式。

2）拨叉式油量调节机构。该机构主要由供油拉杆、调节叉和调节臂等组成。供油拉杆由调速器控制，上装有调节拨叉，柱塞调节臂球头插在调节拨叉槽内。工作时，左右拉动供油拉杆，带动柱塞一起转动，从而改变供油量，如图 2-56（b）所示。1 号泵采用拨叉式调节机构。对于多缸喷油泵，如各缸的供油量不一致时，可通过改变调节叉在拉杆上的位置来调整供油量。

3）球销式油量调节机构。通过调节拉杆上的方槽与控制套筒上的滚球啮合以控制供油量，如图 2-56（c）所示。P 型泵采用球销式调节机构。各分泵法兰套的螺钉孔为长圆弧形，转动法兰套可调整供油量及其均匀性，各法兰套下面的调整垫片可调整各缸供油起始角与供油时间间隔的一致性。

（3）传动机构是由驱动齿轮、喷油泵凸轮轴和滚轮体总成等组成。其主要功能是推动油泵柱塞向上的压油运动。驱动凸轮由曲轴通过惰性齿轮带动。柱塞下行是靠柱塞弹簧的弹力。

喷油泵凸轮轴由曲轴正时齿轮驱动，对于四冲程柴油机，曲轴转两圈，喷油泵凸轮轴转一圈，各缸喷油一次。凸轮轴上有输油泵偏心轮来驱动输油泵，另一端固定调速器驱动盘，通过它将动力传给调速器。凸轮轴两端由圆锥滚子轴承支承。

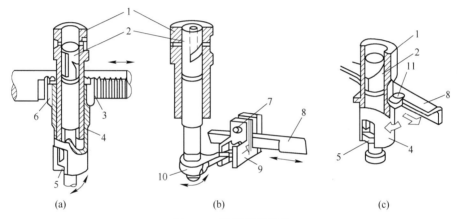

图 2-56　油量调节机构

（a）齿杆式；（b）拨叉式；（c）球销式

1—柱塞套；2—柱塞；3—调节齿杆；4—油量调节套筒；5—凸耳；

6—调节齿圈；7—紧固螺钉；8—调节拉杆；9—调节叉；10—调节臂；11—钢球

滚轮体总成由滚轮体、滚轮和调整垫块等组成，其功能是将凸轮的运动平稳地传递给柱塞，并可适量调整柱塞的供油时间，保证供油开始时刻的准确性。常用调整方法有垫块调节法和螺钉调节法两种，如图 2-57 所示。滚轮体总成工作高度 h 越大，柱塞关闭进油孔时刻越早，供油开始时刻也越早；反之，h 越小，供油开始时刻越滞后。

（4）泵体是喷油泵的骨架，一般用铝合金铸造，由上下两部分组成（A 型泵是整体式）。上体安装柱塞偶件和出油阀偶件；下体安装凸轮轴、滚轮体总成和输油泵等；泵体前侧中部开有检查窗孔，以便检查和调整供油量；下部有检查机油面的检查孔。

（5）供油提前角自动调节器部分泵，其功用是随着柴油机转速的变化自动调节喷油泵的供油提前角。喷油泵的供油提前角是指喷油泵开始向高压油管供油时所对应的喷油泵凸轮轴转角。喷油过早，导致着火燃烧过早，气缸压力过早提高，功率下降，油耗上升，启动困难，产生敲缸声音。喷油过晚，导致着火燃烧过晚，此时活塞已下行，空间容积增大，燃烧条件变差，导致排气冒黑烟，油耗上升，功率下降，排气温度升高，发动机过热。

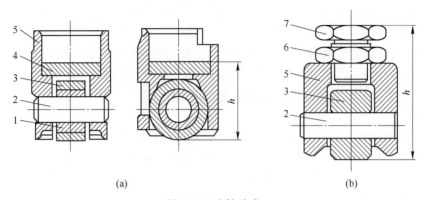

图 2-57　滚轮总成

（a）垫片调整式；（b）螺钉调整式

1—滚轮套；2—滚轮轴；3—滚轮；4—调整垫片；5—滚轮体；6—锁紧螺母；7—调整螺钉

在发动机一定工况下，能使发动机获得最大功率和最低燃油消耗的喷油提前角称为最佳喷油提前角。发动机在不同的转速和负荷下，其最佳喷油提前角也不同。转角升高时，喷油提前角应增大，这是因为转速升高，单位时间内所转过的曲轴转角增大，导致喷油的延续角度增大，发动机后期燃烧延长，排气容易冒黑烟，故有的柴油机上装有供油提前角自动调节器。常用的是机械离心式供油提前器，如图 2-58 所示。安装在油泵正时齿轮上或联轴器的主动凸缘盘上，柴油机转速升高，离心力增大，飞块进一步外甩，从动盘相对于主动盘再超前一角度，供油提前角增大。反之，柴油机转速降低时，喷油提前角相应减小。

（6）润滑系统。柱塞偶件和出油阀偶件靠流过的柴油进行润滑，而驱动机构中的油泵凸轮轴、滚轮体总成、轴承和油量调节机构都靠油泵底部的润滑油进行飞溅润滑。凸轮轴两端加有油封防漏油损坏时，应及时更换，油标尺检查润滑油面，不足及时添加。

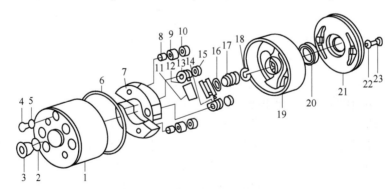

图 2-58　供油提前角自动调节器

1—调节器壳体；2，10—垫圈；3—放油螺塞；4—丝堵；5，22—垫片；6，16—"O"形密封圈；
7—飞块；8—滚轮内座圈；9—滚轮；11—弹簧；12，14，18—弹簧垫圈；13—弹簧座；
15—定位圈；17—螺母；19—从动盘；20—油封；21—盖；23—螺栓

（7）单体 1 号泵的结构特点。以 S195 型柴油机用的单体 1 号喷油泵构造为例，如图 2-59 所示。其泵油机构和滚轮体总成均与多缸机 1 号泵相同，柱塞直径为 8 mm，左旋斜槽。其主要特点：泵体为整体式铸铁件，因其安装位置低于柴油滤清器，故不设放气螺钉。油泵凸轮与配气凸轮轴制成一体；柱塞定位螺钉正对进油孔；泵体与齿轮室盖间的垫片用来调整供油提前角，减少垫片供油提前角增大；反之，增加垫片供油提前角减小。

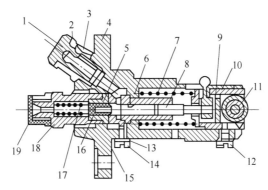

图 2-59　单体 1 号喷油泵的构造

1—进油管接头；2—密封垫；3，19—防护罩；4—泵体；5—出油阀座；6—柱塞套；7—柱塞弹簧；
8—柱塞；9—挺柱体；10—调整垫块；11—外滚轮；12—挺柱定位螺钉；13，15—密封垫；
14—定位螺钉；16—出油阀；17—出油阀弹簧；18—出油阀紧座

六、燃油供给系统的使用维护

(一) 喷油泵供油提前角的检查与调整

喷油泵使用较长时间后或重新向车上安装时，应对供油提前角进行检查与调整。

(1) 检查供油提前角。先设定供油提前角观测点，以第 1 缸分泵为基准，多采用"定时管法"。卸下第 1 缸的喷油器，并在第 1 缸的分泵上安装定时管（或使高压油管管口朝上），拧紧接头螺母；将油门手柄置于最大供油位置；打开减压机构后，缓慢摇转曲轴或飞轮。观察高压油管出口处油面波动情况，当定时管油面（或高压油管出口处油面）开始波动的瞬间，说明供油开始，立即停止转动飞轮；即可进行供油提前角检查。不同机型检查方法不同，常用的是飞轮记号法和测量风扇传动带弧长法。

1) 飞轮记号法。它是以飞轮供油刻线对准检视窗口上的刻线时恰好供油为观察基准，根据供油时飞轮刻线提前或落后于窗口刻线，即可判定供油时间的早晚。如 195 型和 495 型柴油机，检查飞轮的供油提前刻线是否与水箱上（195 型）或飞轮壳检查孔上（495 型）的刻线对齐。

2) 测量风扇传动带弧长法。它是在定时齿轮室相对风扇传动带处的螺栓上安装一指针，作为测量风扇传动带弧长参考点，对应于开始供油点和上止点位置，可在风扇传动带上分别做出记号，测量两记号间的弧长，经计算即可得知供油提前角的大小。如 4125A 型柴油机，是通过量取供油时刻与压缩上止点之间在风扇皮带轮上的弧长来换算出供油提前角，如图 2-60 所示。该机对应皮带弧长为 22.5～28.5 mm，相当于供油提前角为 15°～19°，即 1.5 mm 相当于 1°。

(2) 调整供油提前角。每种机型都有相应的调整供油提前角的方法，常用的有增减垫片法、旋转喷油泵体法、旋转喷油泵凸轮轴法和改变滚轮体的高度法（增减垫片或调整螺钉法）四种方法。

1) 增减垫片法。如 S195 柴油机是增加或减少喷油泵体与齿轮室盖之间的垫片，每增减 0.1 mm 厚的垫片，供油提前角相应变化 1.7°。供油时间太早就增加垫片，供油时间太迟则减少垫片。调整后再复测，使供油提前角在规定范围内。

2）旋转喷油泵体法。1 号泵其固定接盘呈三角形，边缘处有 3 个圆弧孔，固定螺钉插入孔内，如图 2-61 所示。转动喷油泵体可改变挺柱与凸轮的相对位置，用以调整供油提前角。泵体逆凸轮轴旋转方向转动，柱塞封闭进油孔时间提前，供油提前角增大；反之减小。

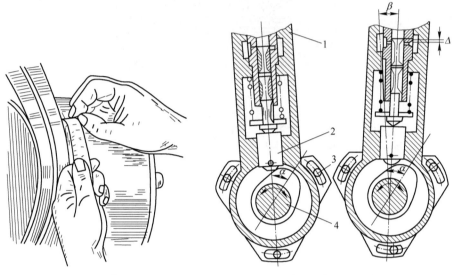

图 2-60　测量风扇传动皮带轮上　　　　　图 2-61　旋转泵体法调整供油提前角
　　　　　两记号间的弧长　　　　　　　　1—喷油泵体；2—滚轮体；3—螺钉；4—凸轮轴

3）旋转喷油泵凸轮轴法。如 2 号喷油泵就是采用转动凸轮轴法，即改变喷油泵凸轮轴与柴油机曲轴的相对位置，如图 2-62 所示。原理是当将 2 个连接螺钉由前一孔移入相邻一孔时，必须将花键接盘连同凸轮轴一起拨转 1.30″转角，供油时间便改变了 3°曲轴转角。顺凸轮轴旋转方向拨转花键接盘，供油和喷油提前角增大；反之减小。

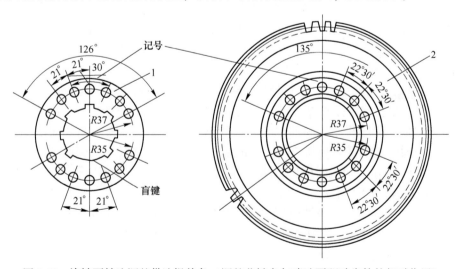

图 2-62　旋转泵轴法调整供油提前角（调整花键盘与喷油泵驱动齿轮的相对位置）
1—孔式花键盘；2—喷油泵驱动正时齿轮

4）改变滚轮体的高度法。如图 2-57 所示，常用增减垫片或调整螺钉法。

（二）喷油泵的性能调整

喷油泵的性能调整包括标定工况、怠速、启动、校正供油及停止供油等项目，而各种供油量是在柴油机设计制造时，经过反复试验所确定的。喷油泵各工况供油量的调整直接影响柴油机输出功率、耗油量、运转平稳性、使用寿命。多缸机喷油泵性能的调整应在油泵试验台上进行。

七、燃油供给系统常见故障诊断与排除

燃油供给系统常见故障诊断与排除见表 2-5。

表 2-5　燃油供给系统常见故障诊断与排除

故障名称	故障现象	故障原因	排除方法
发动机燃油油路不畅	1. 燃油油路不畅； 2. 管路漏油； 3. 若柴油中有水，燃烧时有"啪啪"声音，排气管冒白烟； 4. 难启动或中途会熄火	1. 油管老化、破裂或油管接头松动； 2. 沉淀杯中是否有水； 3. 油路中有空气； 4. 油路堵塞，启动困难，用手油泵泵油，若不出油，说明油太脏、滤清器和滤芯或通气孔等堵塞； 5. 滤芯密封圈等安装错误，不密封； 6. 燃油质量不合格或太脏	1. 检查更换老化、破裂的油管，拧紧油管接头； 2. 排除油路中的水或更换合格的燃油； 3. 拧松放气螺钉，揪动手油泵，排净油路中的空气； 4. 使用扳手拆卸燃油滤清器，检查燃油滤清器滤芯是否堵塞，倒掉沉淀杯内的杂质和水珠； 5. 正确安装滤芯和油杯，特别是杯垫或密封圈要放好，以防漏油； 6. 如油太脏或质量不合格，应放尽旧燃油，清洁油箱后，加注合格的燃油
发动机有敲击声	发动机有敲击声	1. 供油时间过早； 2. 减压环带磨损，使高压油管剩余压力升高； 3. 各分泵供油量不均	1. 调整供油时间； 2. 更换； 3. 检查调整
喷射雾化不良	喷射雾化不良	1. 偶件严重磨损； 2. 喷射压力过低	1. 更换； 2. 调整喷射压力
不能喷雾或滴油	不能喷雾或滴油	1. 调压弹簧折断； 2. 针阀卡死	1. 更换； 2. 研磨或更换
喷油器喷油不足或不喷油	喷油不足或不喷油	1. 喷油器严重磨损； 2. 喷射压力过低； 3. 针阀卡死在关闭位置； 4. 喷孔被积碳堵塞	1. 检修或更换； 2. 调整； 3. 研磨或更换； 4. 清除积碳

第三章 农机电气系统

第一节 农机电气系统概述

农机电气系统是农业机械的重要组成部分，学习和了解农机电气系统的组成、作用、特点和工作原理，对于从事农机使用与维修等方面的工作具有重要意义。

一、农机电气系统的组成与特点

(一) 农机电气系统的组成

农业机械虽然种类繁多，但其电气系统的构成相似。农机电气系统一般由农机电源系统，农机启动系统，农机点火系统，农机照明、信号、仪表、警报系统，农机作业部分电气系统等组成。

农机电源系统——用来向用电设备供电，并将多余的电能储存起来。该系统主要由发电机、调节器、电流表、电源开关、蓄电池、工作状况指示装置（电流表、充电指示灯）等组成。

农机启动系统——用来控制直流电动机及预热发动机，完成发动机的启动任务。该系统主要由蓄电池、启动电动机、启动继电器、电源开关、预热启动开关、预热器等组成。

农机点火系统——用来完成汽油发动机的点火任务，保证发动机正常工作。该系统由蓄电池（或磁电动机）、点火线圈、点火控制器、火花塞、点火开关等组成。

农机照明、信号、仪表、警报系统——用来实现农机的照明、信号指示、整车工作状况显示和危险报警等任务。该系统由前照灯电路、转向灯电路、制动灯电路、倒车灯电路、音响信号电路、仪表电路、发动机警报电路、作业部分警报电路等组成。

农机作业部分电气系统——用来实现农机作业部分的控制任务。该系统由作业部分（如插秧、收割等）控制电路和警报控制电路组成。

(二) 农机电气系统的特点

现代农机上所装的电器元件与电子设备虽然种类繁多，功能各异，但从总体上来说，农机电路具有以下几大特点。

(1) 低压特点——农机电气系统的额定电压有 6 V、12 V 和 24 V 三种，其中以 12 V 为主。

(2) 直流特点——农机电气系统使用的是直流电，向农机供电的是直流电源，使发动机完成启动任务的是串联直流电动机，所有的用电设备是直流电器。

(3) 单线并联特点——农机上从电源到用电设备只用一根导线连接，而用金属机件作为另一根公共回路线。农机上的绝大部分用电设备都是并联在电源上的。由于采用单线并联，所以在使用中，当某一支路用电设备损坏时，并不影响其他支路用电设备的正常工作。

（4）负极搭铁特点——农机采用单线制时，蓄电池的负极需接至车架上，俗称"搭铁"。负极搭铁，有利于火花塞点火，对车架金属的化学腐蚀较轻，对无线电干扰小。

（5）电路相对独立特点——农机电气系统由多个相对独立的电路组成，以避免在某个电路发生故障时影响其他电路的工作。

（6）电路中有保护装置——农机电气系统设置有多重保护装置，是为了防止因短路或搭铁而烧坏线束和用电设备。保护装置包括熔丝、稳压器、安全继电器等。

二、农机电气系统常见故障类型及诊断方法

农业机械电气系统故障总体上可分为两种类型：一种是电器元件故障；另一种是控制电路故障。电器元件故障是指电器元件本身丧失原有功能。在实际使用中，常常因电路故障而造成电器元件损坏，有些电气设备可修复，但一些不可拆卸的电子设备出现故障后只能更换。

控制电路故障往往由断路、短路、漏电、接触不良等原因引起，因此一般采用简便方法即可迅速查出故障所在部位并及时排除。常见的方法如下。

（一）短路故障

当局部短路时，负载因短路而失效，这条负载线路中的电阻很小，而产生极大的短路电流，导致电源过载，导线绝缘层烧坏，严重时还会引起火灾，或者使电路失效。短路故障有搭铁短路故障和与电源短路故障两种。

（1）故障现象熔丝熔断；用电设备不能工作。

（2）故障原因如图3-1所示，导线绝缘层破坏，并相互接触，造成电源"＋""－"极直接接通；电路中的电流不经过负载直接接通或绝缘导线搭铁等；开关、接线盒、灯座等外接线螺钉松脱，造成线头相碰；接线时不慎使两线头相碰；导线接头碰触金属部分等。

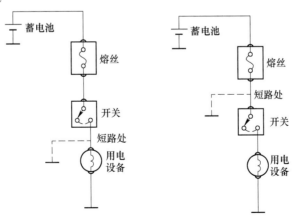

图 3-1　搭铁短路故障示意图

如图 3-2 所示，图 3-2（a）中右边电路用电设备上游的导线和左边电路的用电设备与开关之间的导线短接，造成左边的电路失效，而右边的电路正常工作。图 3-2（b）中两个独立的支路在开关上游短路，使两个电路都不能单独控制。

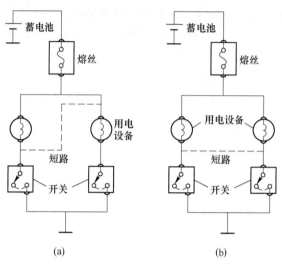

图 3-2　电源短路故障示意图
（a）单电路失效；（b）双电路失效

（3）故障检查直接观察法：电气设备发生短路故障时，由于发热，有时会出现冒烟、火花、焦臭、发烫等异常现象。这些现象可通过人体的眼、鼻、耳等感官感觉到，从而可以直接判断电气设备的故障部位和原因。

观察机械式电流表：凡用电设备通过电流表，电流表指示的电流值就可作为判断依据。若接通用电设备后，电流表指针迅速由"0"摆到满刻度处，表明电路中某处短路。

断路试验法：将怀疑有短路故障的那段电路断开，以判断断开的那段电路是否短路。例如，若电路中某处有短路就会使该电路中的熔断器熔丝熔断，这时可找一只试灯，将试灯两端引线跨接于断开的熔断器两端的接线柱上，此时试灯应亮。然后再将怀疑有短路或搭铁故障的电路断开，若试灯不亮，表明该段电路短路；若试灯亮再逐段对其余相关电路做短路试验。

万用表检测法：测量电气部件中线圈或绕组的电阻值，判断其有无短路现象。万用表检测是检测电路或元器件较为准确迅速的一种方法。

（二）断路故障

断路故障是一种不连续的、有中断的电路故障，表现为电源到负载电路中的某一点中断，电流不通。

（1）故障现象照明灯不亮、电动机停转、用电设备不工作等。

（2）故障原因导线折断，导线连接段松脱，接触不良等。

（3）故障检查观察电流表：当工作电压一定时，接通用电设备后，电流表指示"0"或所指的放电电流值小于正常值，表明用电设备电路的某处断路或导线接触不良。

短接试验法：用螺钉旋具或导线将某段电路或某一电器短接，观察电流表或电器的反应，以判定断路故障的发生部位。通常用一根导线的一端接用电设备的相线，另一端通过与各点相接触之后，根据用电设备的反应判定故障部位。

搭铁试火法：将一根导线的一端与用电设备相线搭接，另一端与机体试火。顺序试火即可找出断路所在。同时也可试验其他路线的有火或无火来判断断路位置。

万用表检测法：用万用表取代搭铁试火导线测量各点直流电压，如果电压为正值或负值，说明该测试点至电源间的电路畅通；若电压为"0"，说明该测试点至电源电路为断路，也可达到同样的目的。另外，通过万用表对电路或元器件的各项参数进行测试，并与正常技术状态的参数对比，来判断故障部位所在。

试灯法：可用试灯的一端和交流发电机的"电枢"接线柱连接，另一端接搭铁。如果灯不亮，说明蓄电池搭铁端至交流发电机"电枢"接线柱间有断路故障存在；若灯亮，说明该段电路良好。

第二节 蓄 电 池

农机上的蓄电池必须满足发动机起动的需要。如果蓄电池维护使用不当，会导致发动机不能启动或启动困难，直接影响车辆的正常使用。因此在农机维修过程中，对蓄电池应经常进行检查、维护等作业。

一、蓄电池的构造与原理

（一）蓄电池的构造

铅蓄电池主要由正/负极板、隔板、壳体、电解液、铅连接条、极柱等部分组成，如图3-3所示。壳体一般分隔为3个或6个单格，每个单格均盛装有电解液，插入正/负极板组便成为单体电池。每个单体电池的标称电压为2 V，将3个或6个单体电池串联后便成为一只6 V或12 V蓄电池总成。

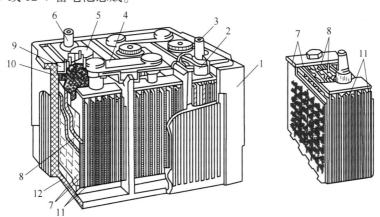

图3-3 蓄电池的构造

1—蓄电池外壳；2—电极衬套；3—正极柱；4—连接条；5—加液孔螺塞；6—负极柱；

7—负极板；8—隔板；9—封料；10—板；11—正极板；12—肋条

（1）极板组。极板由栅架与活性物质组成。蓄电池的极板分为正极板和负极板。蓄电池的充放电过程是靠极板上的活性物质与电解液的电化学反应来实现的。极板由栅架及铅膏涂料组成。正极板上的活性物质是深褐色的二氧化铅，负极板上的活性物质是深灰色的海绵状纯铅。正极板通过汇流条焊接在一起，组成正极板组，负极板通过汇流条焊接在一起组成负极板组。正、负极板组交叉组装在一起，之间用隔板隔开。负极板比正极板多一片，使得每片正极板均处于两片负极板之间，可使正极板两侧放电均匀，防止极板扭曲，导致活性物质脱落。

栅架的作用是容纳活性物质并使极板成形，一般由铅锑合金浇铸而成。铅锑合金中，含锑（质量分数）6%~85%，加入锑是为了提高栅架的力学性能和浇注性能，但易引起蓄电池的自放电和栅架的膨胀、溃烂。因此，栅架的生产材料将向低锑（含量小于3%），甚至不含锑的铅钙合金发展。

（2）隔板。为了减小蓄电池的内阻和尺寸，蓄电池内部正、负极板应尽可能地靠近；为了避免彼此接触而短路，正、负极板之间要用隔板隔开。隔板材料应具有多孔性和渗透性，且化学性能要稳定，即具有良好的耐酸性和抗氧化性。厚度一般不超过1 mm，成形隔板的一面有特制的纵向沟槽，另一面则为平面。

（3）联条。蓄电池一般由3个或6个单格电池组成，各单格电池之间靠铅质联条串联起来。联条的安装有传统的外露式，还有较先进的穿壁式，如图3-4所示。

（4）壳体。蓄电池的壳体用来盛放电解液和极板组，应由耐酸、耐热、耐振、绝缘性好并且有一定力学性能的材料制成。蓄电池大都采用聚丙烯塑料壳体。壳体为整体式结构，壳体内部由间壁分隔成3个或6个互不相通的单格，底部有突起的肋条以搁置极板组，如图3-5所示。

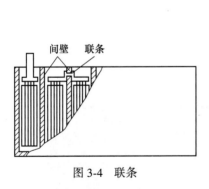

图3-4　联条

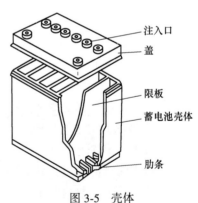

图3-5　壳体

（5）电解液，又称电解质。它的作用是形成电离，促使极板活性物质电离产生电化学反应。电解液在电能和化学能的转换过程即充电和放电的电化学反应中起离子间的导电作用并参与化学反应。它由密度为1.84 g/cm³的纯硫酸和蒸馏水按一定比例配制而成，而其密度一般为1.24~1.30 g/cm³。配制电解液必须使用耐酸的器皿，切记只能将硫酸慢慢地倒入蒸馏水中并不断搅拌。

（二）蓄电池的工作原理

蓄电池的工作过程是一个化学能与电能相互转化的过程。当蓄电池的化学能转化为电能而向外供电时，称为放电过程；当蓄电池与外界电源相连而将电能转化为化学能储存起来时，称为充电过程。蓄电池的工作原理如图3-6所示。

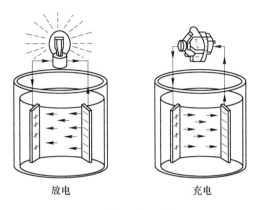

放电　　　　充电

图3-6　蓄电池的工作原理

（1）电动势的建立。当极板浸入电解液时，在负极板处，铅受到两方面的作用：一方面，它具有溶解于电解液的倾向，少量铅溶于电解液，生成 Pb^{2+}，在极板上留下两个电子，使极板带负电；另一方面，由于正、负电荷的吸引，Pb^{2+} 有沉附于极板表面的倾向。当两者达到平衡时，溶解停止，使负极板具有负电位，约为$-0.1\ V$。

正极板上，少量的 PbO_2 溶于电解液，与水生成 $Pb(OH)_4$，再离解成四价铅离子和氢氧根离子，即

$$PbO_2 + 2H_2O \longrightarrow Pb(OH)_4;\ Pb(OH)_4 \longrightarrow Pb^{4+} + 4OH^-$$

Pb^{4+} 有沉附于极板的倾向且大于溶解的倾向，因而在正极板上使极板呈正电位，当达到平衡时，约为 2.0 V。因此，当外电路未接通，反应达到相对平衡时，蓄电池的静止电动势 E_0 约为

$$E_0 = 2.0\ V - (-0.1)V = 2.1\ V$$

（2）铅蓄电池的放电过程。铅蓄电池的放电过程就是化学能转变为电能的过程。蓄电池接上负载，在电动势的作用下，电流从正极经负载流向负极，即电子从负极到正极，使正极电位降低，负极电位升高。蓄电池正极板上的 PbO_2 和负极板上的 Pb 都变成 $PbSO_4$，电解液中的 H_2SO_4 减少，相对密度下降。

放电时的化学反应过程如图3-7所示。

（3）铅蓄电池的充电过程。充电时按与放电过程相反的方向变化，在外加电场作用下，正、负极板上的 $PbSO_4$ 分别还原为 PbO_2 和 Pb，电解液中的硫酸浓度增加，相对密度变大。即充电过程为电能转变为化学能储存起来的过程。

充电时，应将蓄电池接直流电源。当电源电压高于蓄电池的电动势时，在电场力的作用下，充电电流流入蓄电池正极，再从负极流出，即驱使电子从正极经外电路流入负极，此时，正、负极板发生的反应正好与放电过程相反，其充电时的化学反应过程如图3-8所示。

如略去中间的化学反应过程，可用下式表示：

$$\underset{\text{正极板}}{PbO_2} + \underset{\text{负极板}}{Pb} + \underset{\text{电解液}}{2H_2SO_4} \Longleftrightarrow \underset{\text{正极板}}{PbSO_4} + \underset{\text{电解液}}{2H_2O} + \underset{\text{负极板}}{PbSO_4}$$

由式中可以看出，放电时，电解液中的部分硫酸发生化学反应生成水，故电解液的浓度与放电的程度直接有关，即可以用测量电解液密度的方法判断蓄电池放电程度。

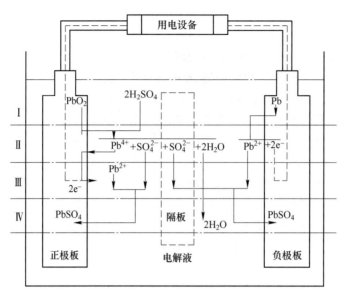

图 3-7　放电时的化学反应过程

Ⅰ—充电状态；Ⅱ—溶解电离；Ⅲ—接入负载；Ⅳ—放电状态

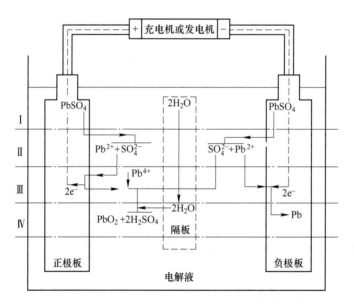

图 3-8　充电时的化学反应过程

Ⅰ—放电状态；Ⅱ—溶解电离；Ⅲ—通入负载；Ⅳ—充电状态

二、蓄电池的性能检测

（一）电解液液面高度的检查

1. 玻璃试管测量法

用长度为 150~200 mm、内径为 4~6 mm 的玻璃试管，对蓄电池所有单格的液面高度进行测量，如图 3-9 所示。

　　将试管插至蓄电池单格内极板的平面上，用拇指压住玻璃管上端，使管口密封后提起试管，此时试管中液体的高度即蓄电池电解液液面的高度，其标准高度值应为 10 ~ 15 mm。低于此值时，应加注蒸馏水并使其符合标准值。

　　2. 液面高度指示线观察法

　　透明塑料外壳的蓄电池上均刻有（或印有）两条指示线，即上限指示线和下限指示线，如图 3-10 所示。

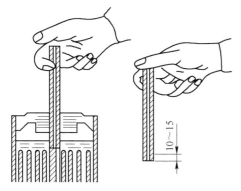

图 3-9　测量液面高度的示意图

图 3-10　蓄电池电解液液面高度线

　　标准的电解液高度应介于两条指示线之间，否则应进行调整：当液面高度低于下限指示线时，应添加蒸馏水，使液面介于上限指示线与下限指示线之间；当液面高度高于上限指示线时，应将高出的部分吸出，并调整好单格中的电解液密度。

　　3. 图标标记观察法

　　为了方便对蓄电池进行检查，许多新式蓄电池在加液孔盖或蓄电池壳体上，制有各种图标标记和说明，检查时可根据其图示形状或颜色的变化来判断液体的多少和存电量状况，如图 3-11 所示。

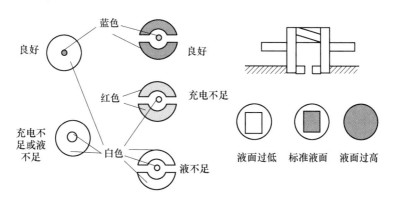

图 3-11　蓄电池电量指示图标

（二）电解液密度的检查

通过测量电解液密度就可以得到蓄电池的放电程度。电解液密度与放电程度的关系是：电解液相对密度每下降 0.01 g/cm³，相当于蓄电池放电 6%。

电解液的密度可用专用的密度计测量，测量时将液体比重计管垂直放置在电解液中，管中吸入适量电解液，让浮子自由移动并将液体比重计保持在视平线高度，在最高的电解液液位读取液体比重计。测量方法如图 3-12 所示。

如果电解液密度小于 1.215 g/cm³（进行温度校正后），请对蓄电池充电或将其更换。如果任意两个电池电解液之间的密度差大于 0.05 g/cm³，请更换蓄电池。

（三）放电电压的测量

对于装有分体式容器盖的蓄电池，由于单格电池的极柱外露，还可以用高率放电计测量蓄电池各个单格在大电流放电时的电压值，即模拟接入启动机负荷，测量蓄电池在接近启动机启动电流放电时的端电压，用以判断蓄电池的放电程度和启动能力，测量方法如图 3-13 所示。

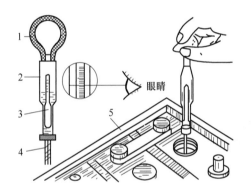

图 3-12　电解液密度的检查示意图
1—橡皮球；2—玻璃管；3—浮子；
4—橡皮吸管；5—被测电池

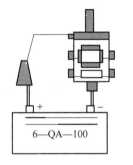

图 3-13　用高率放电计测量放电电压示意图

这种放电计的正面表盘上设有红、黄、绿色的条形，分别表明蓄电池的不同放电程度，其中红色区域表示亏电或有故障；黄色区域表示亏电较少或技术状况较好；绿色区域则表示电充足或技术状况良好。

（四）开路电压的检查

检查开路电压用来确定蓄电池的充电状态。检查时，蓄电池必须是稳定的，若蓄电池刚补充完电，至少应等待 10 min，让蓄电池的电压稳定后，再进行测量。测量时把电压表接在蓄电池两极柱上，跨接时应认准极性。测量开路电压，读数要精确到 0.1 V。

一般来说，蓄电池在 25 ℃时处于较佳状态的读数应为 12.4 V 左右，若充电状态达75%或 75%以上，就可认为蓄电池充足了电，其对应关系见表 3-1。

表 3-1 开路电压的检测结果表明充电状态

开路电压/V	充电状态/%	开路电压/V	充电状态/%
12. 6 或 12. 6 以上	100	12. 0~12. 2	25~50
12.4~12. 6	70~100	11. 7~12. 0	0~25
12.2~12.4	50~75	11. 7 或 11. 7 以下	0

三、蓄电池故障诊断与排除

（一）自放电故障诊断与排除

1. 故障现象

自放电是指充足电的蓄电池放置一段时间后，在无负荷的情况下逐渐失去电量的现象。由于蓄电池本身的结构原因，会产生一定程度的自放电。如果自放电在一定的范围内，可视为正常现象。一般自放电的允许范围在每昼夜 1%。如果每昼夜放电超过 2%，就应视为故障。

2. 故障原因

（1）电解液中有杂质，杂质与极板之间形成电位差，通过电解液产生局部放电。

（2）蓄电池表面脏污，造成轻微短路。

（3）极板活性物质脱落，下部沉积物过多使极板短路。

（4）蓄电池长期放置不用，硫酸下沉，从而造成下部密度比上部密度大，极板上下部发生电位差引起自放电。

3. 排除方法

将蓄电池全部放电或过放电，使极板上的杂质进入电解液；倒出电解液，清洗几次；最后加入新配制的电解液。

（二）极板硫化故障诊断与排除

极板上附着有硬化的硫酸铅，正常充电时不能转化成二氧化铅和铅的现象称为极板硫化。

1. 故障现象

（1）蓄电池电解液的密度下降到低于规定值。

（2）用高率放电计检测时，蓄电池端电压下降过快。

（3）蓄电池充电时过早地产生气泡，甚至一开始就有气泡。

（4）充电时电解液温度上升过快，易超过 45 ℃。

2. 故障原因

（1）蓄电池在放电或半放电状态下长期放置，硫酸铅在昼夜温差作用下，溶解与结晶不能保持平衡，结晶量大于溶解量，结晶的硫酸铅附着在极板上。

（2）蓄电池经常过量放电或深度小电流放电，在极板的深层小孔隙内形成硫酸铅，充电时不易恢复。

（3）电解液液面过低，极板上部的活性物质暴露在空气中被氧化，之后与电解液接触生成硬化的硫酸铅。

（4）电解液不纯或其他原因造成蓄电池的自放电，生成硫酸铅，从而为硫酸铅的再结晶提供物质基础。

3. 排除方法

硫化不严重的可通过硫化充电方法解决；硫化严重时，应予以报废。

（三）蓄电池容量达不到规定要求故障诊断与排除

1. 故障现象

（1）农机启动时，启动机转速很快地减慢，转动无力。

（2）按喇叭声音弱、无力。

（3）开启前照灯、灯光暗淡。

2. 故障原因

（1）使用蓄电池前未按要求进行初充电。

（2）发电机调节器电压调得太低，使蓄电池经常充电不足。

（3）经常长时间启动启动机，造成大电流放电，致使极板损坏。

（4）电解液的相对密度低于规定值，或在电解液渗漏后，只加注蒸馏水，未及时补充电解液，致使电解液相对密度降低。

（5）电解液的相对密度过高或电解液液面过低，造成极板硫化。

3. 排除方法

（1）首先检查蓄电池外部，检查外壳是否良好、表面是否清洁、极板上是否有腐蚀物或污物。

（2）检查蓄电池搭铁线、极柱的连接夹是否松动，如果有则为输出电阻过大，电压低。

（3）测量蓄电池的电解液密度。如果电解液密度过低，说明充电不足或新蓄电池未按要求经过充、放电循环，使蓄电池达到规定容量。

（4）检查电解液液面高度。如果液面高度不足，且在极板上有白色结晶物质存在，则可能存在极板硫化故障。

（5）蓄电池充电后检查电解液密度，如果出现两个相邻的单格电池中电解液的密度有明显差别，则说明该单格电池内部有短路，不能使用。

（6）必要时，检查发电机电压调节器的调节电压。

第三节　交流发电机

交流发电机及调节器是农机电源与充电系统的重要部件。在发动机正常工作时，由发电机向全车用电设备供电，同时发电机还要向蓄电池进行补充充电。

一、三相同步交流发电机的构造

交流发电机由三相同步交流发电机和硅二极管整流器两大部分构成，发电机的组件如图 3-14 所示。

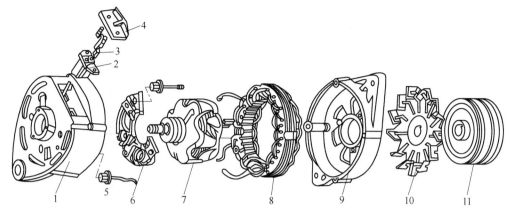

图 3-14 交流发电机的组件
1—后端盖；2—电刷架；3—电刷；4—电刷弹簧压盖；5—硅二极管；6—元件板；
7—转子；8—定子；9—前端盖；10—风扇；11—V 带轮

三相同步交流发电机的作用是产生三相交流电。它主要由转子、定子、前后端盖、风扇及 V 带轮等组成。

（1）转子是三相同步交流发电机的旋转磁场部分。它由转轴、两块爪形磁极、磁轭、励磁绕组、集电环等部件构成，如图 3-15 所示。

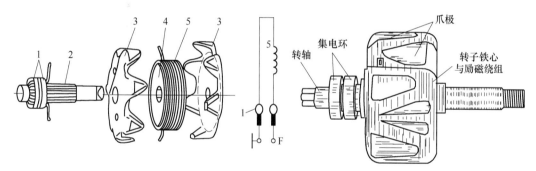

图 3-15 发电机转子
1—集电环；2—转轴；3—爪形磁极；4—磁轭；5—励磁绕组

励磁绕组用高强度漆包线绕一定匝数而成，套装在磁轭上，两个线头分别穿过一块磁极的小孔与两个集电环焊固。

磁极为爪形，用低碳钢板冲压或用精密铸造浇注而成。两块磁极各具数目相等的爪极，一般为六对。爪极相互交错压装在励磁绕组和磁轭的外面。

当电刷与直流电源接通时，励磁绕组中便有励磁电流通过，产生磁场，使得一块爪极被磁化为 N 极，另一块爪极被磁化为 S 极，从而形成了六对相互交错的磁极。

（2）定子又称为电枢，是三相同步交流发电机产生三相交流电的部件。它由铁心和三相绕组组成。

定子铁心由相互绝缘的内圆带槽的环状硅钢片叠成，硅钢片厚度为 0.5～1 mm。定子槽内置有三相绕组，绕组用的是高强度漆包线，作星形联结，如图 3-16 所示。为使三相绕组中产生大小相等、相位相差120°（电角度）的对称电动势，在三相绕组的绕法上需要遵循以下原则。

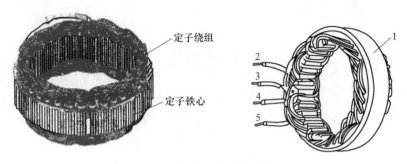

图 3-16　发电机定子的结构
1—定子铁心；2~5—定子绕组引线端

1）为使三相电动势大小相等，每相绕组的线圈个数和每个线圈的节距与匝数都必须完全相等。

2）为使三相电动势在相位上互差120°，三相绕组的首端 A、B、C（或末端 X、Y、Z）在定子槽内的排列，必须相隔120°电角度（即两个槽的宽度）。

（3）风扇一般用 1.5 mm 厚的钢板冲压而成或用铝合金铸造制成，利用半圆键装在前端盖外侧的转子轴上，紧压在 V 带轮与前端盖之间，如图 3-17（a）所示。

（4）V 带轮通常由铸铁或铝合金制成，分单槽和双槽两种，利用半圆键装在前端盖外侧的转子轴上，用弹簧垫片和螺母紧固，如图 3-17（b）所示。

（5）前后端盖由非导磁性的铝合金制成，它具有轻便、散热性好等优点。在后端盖上装有电刷总成。在前后端盖上均有通风口，发电机工作时风扇能使空气高速流经发电机内部进行冷却，如图 3-17（c）（d）所示。

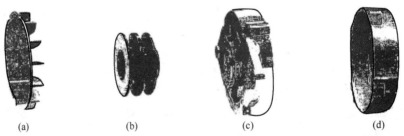

(a)　　　　　　(b)　　　　　　(c)　　　　　　(d)

图 3-17　发电机风扇、V 带轮、前端盖及后端盖外观图
(a) 风扇；(b) V 带轮；(c) 前端盖；(d) 后端盖

（6）电刷总成，两只电刷装在电刷架的方孔内，并在其弹簧的压力推动下与转子集电环保持良好的接触。电刷的结构有外装式和内装式两种，如图 3-18 所示。

根据发电机磁场搭铁回路不同，电刷总成上的两个电刷接线柱可分为"B、F"接线柱或"F1、F2"接线柱两种电刷总成。前者为内搭铁型发电机所用，后者为外搭铁型发电机所用。

（7）整流器，硅整流器的作用是将三相交流电变为直流向外输出，并可阻止蓄电池

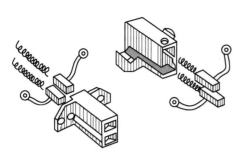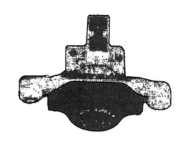

图 3-18　电刷及电刷架

的电流向发电机倒流。它由 1 块元件板和 6 只硅二极管组成。

　　1）元件板又称散热板，用铝合金制成月牙形，如图 3-19 所示。

　　2）交流发电机的整流器，由 6 只硅二极管组成。二极管分为正二极管和负二极管，内部结构、外形和表示符号如图 3-20 所示。其中，引线和外壳分别是它的两个电极。

　　正二极管中心引线为正极，外壳为负极，在管壳底部一般标有红色标记。在硅整流发电机中，3 只正二极管的外壳压装在元件板的座孔内，共同组成发电机的正极，并绝缘固定在发电机后端盖的内侧或外侧，元件板上的大接线柱（螺栓）就是发电机的相线接线柱，一般用符号"B"或"A"或"+"来表示。

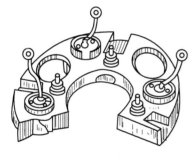　　　　　　　　　　　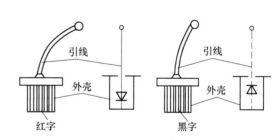

图 3-19　元件板　　　　　　　　　　图 3-20　硅整流二极管

　　负二极管中心引线为负极，外壳为正极，在管壳底部一般标有黑色标记。在硅整流发电机中，3 只负二极管的外壳压装在后端盖的座孔内，共同组成发电机的负极。一般用符号"E"或"+"来表示。

　　整流器上的各元器件的安装位置如图 3-21 所示。

二、三相同步交流发电机的工作原理

　　（1）交流电动势的产生。交流电机就是把通电线圈所产生的磁场在发电机中旋转，使其磁力线切割定子线圈，在线圈内产生交变电动势。交流发电机产生交流电的基本原理，仍然是电磁感应原理。交流发电机工作原理图如图 3-22 所示。

　　实际使用的交流发电机是三相同步交流发电机，即是指转子的转速与旋转磁场的转速相同（同步转速）的三相交流发电机。

　　当转子旋转时，磁力线和定子绕组之间产生相对运动，在三相绕组中产生交变电动

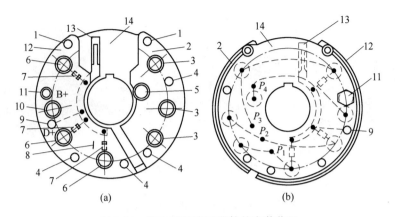

图 3-21　发电机整流元器件的安装位置

（a）从后端盖一侧视；（b）从前端盖二侧视

1—IC 调节器安装孔（2 个）；2—负整流板；3—负二极管；4—整流器总成安装孔（4 个）；

5—中性点二极管（负二极管）；6—正二极管；7—磁场二极管；8—防干扰电容器连接；9—"D+"端子；

10—中性点二极管（正二极管）；11—"B+"端子；12—正整流板；13—电刷架压紧弹簧；14—硬树脂绝缘板

势，其频率为

$$f = \frac{p \cdot n}{60}$$

由于转子磁极呈爪形，其磁场的分布近似正弦规律，所以交流电动势也近似正弦波形。三相绕组在定子槽中是对称绕制的，产生的三相电动势也是对称的。所以在三相绕组中产生频率相同、幅值相等、相位互差 120° 电角度的正弦电动势 e_A、e_B 和 e_C。三相电动势波形如图 3-23 所示。

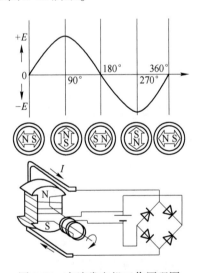

图 3-22　交流发电机工作原理图

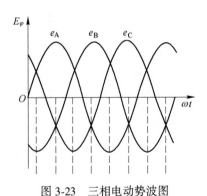

图 3-23　三相电动势波图

三相绕组中电动势的瞬时值方程式为

$$e_A = \sqrt{2} E_\varphi \sin\omega t$$

$$e_B = \sqrt{2}E_\varphi \sin(\omega t - 120°)$$

$$e_C = \sqrt{2}E_\varphi \sin(\omega t - 240°)$$

发动机每相绕组产生的电动势的有效值为

$$E_\varphi = 4.44kfN\phi = C_e\phi n$$

式中，k 为绕组系数（和发电机定子绕组的绕线方式有关）；N 为每相绕组的匝数（匝）；f 为频率（Hz）；ϕ 为每极磁通（Wb）；C_e 为电动机结构常数；E_φ 为相电动势（V）；n 为转速（r/min）。

由此可见，当交流发电机结构一定时（结构常数 C_e 不变），相电动势 E_φ 和发电机的转速、磁通成正比。

（2）交流发电机的整流原理。发电机定子绕组中感应产生的是交流电，是靠 6 只二极管组成的三相桥式整流电路变为直流电的。

二极管具有单向导电性，当给二极管加上正向电压时，二极管导通，当给二极管加上反向电压时，二极管截止。整流时，3 只正二极管中，在某一瞬间正极电位（电压）最高者导通。3 只负二极管中，在某一瞬间负极电位（电压）最低者导通。二极管的导通原则如图 3-24 所示。

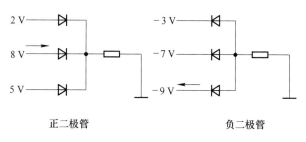

图 3-24　二极管的导通原则

如图 3-25 所示，将定子的三相绕组和 6 只整流二极管按电路连接，三相桥式整流电路中二极管的依次循环导通，使得负载 R_L 两端得到一个比较平稳的脉动直流电压。对于三个正二极管（VD_1、VD_3、VD_5 正极和定子绕组始端相联），在某瞬时，电压最高一相的正二极管导通。对于三个负二极管（VD_2、VD_4、VD_6 负极和定子绕组始端相联），在某瞬时，电压最低一相的负二极管导通。但同时导通的管子总是两个，正、负二极管各一个。发电机的输出端 B、E 上就输出一个脉动直流电压。

（3）中性点电压。在定子绕组为星形联结时，三相绕组的公共节点称为中性点。从三相绕组的中性点引一根导线到发电机外，标记为"N"。"N"点电压称为中性点电压。

中性点电压的瞬时值是一个三次谐波电压，如图 3-26 所示。平均值为发电机输出电压（平均值）的一半。

（4）发电机的励磁。除了永磁式交流发电机不需要励磁以外，其他形式的交流发电机都必须给励磁绕组通电才会有磁场产生而发电，否则发电机将不能发电。将电流引入励磁绕组使之产生磁场称为励磁。交流发电机励磁方式有他励和自励两种。

1）他励。在发电机转速较低时（发动机未达到怠速转速），自身不能发电。单靠微

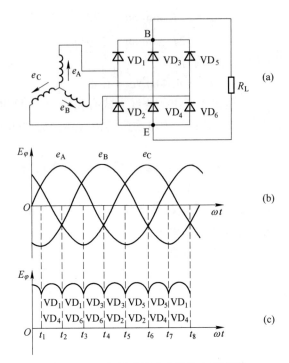

图 3-25　三相桥式整流电路及电压变形

（a）整流电路；（b）整流前电压波形；（c）整流后电压波形

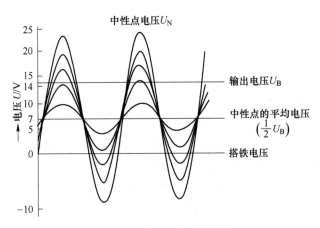

图 3-26　中性点电压的波形

弱的剩磁产生的很小的电动势，很难克服二极管的正向电阻，需要蓄电池供给发电机励磁绕组电流，使励磁绕组产生磁场来发电。这种由蓄电池供给磁场电流发电的方式称为他励发电。

2）自励。随着转速的提高（一般在发动机达到怠速时），发电机定子绕组的电动势逐渐升高并能使整流器二极管导通，当发电机的输出电压 U_B 大于蓄电池电压时，发电机就能对外供电了。当发电机能对外供电时，就可以把自身发的电供给励磁绕组，这种自身供给磁场电流发电的方式称为自励发电。

交流发电机励磁过程是先他励后自励。当发动机达到正常怠速转速时，发电机的输出电压一般高出蓄电池电压 1~2 V 以便对蓄电池充电，此时，由发电机自励发电。

励磁电路都必须由点火开关控制。因此，发电机必须与蓄电池并联，开始由蓄电池向励磁绕组供电，使发电机电压很快建立起来，并迅速转变为自励状态，蓄电池被充电的机会也多一些，有利于蓄电池的使用。

（5）交流发电机励磁电路。励磁绕组通过两只电刷（F 和 E）和外电路相连，根据电刷和外电路的连接形式不同，发电机分为内搭铁型和外搭铁型两种，如图 3-27 所示。

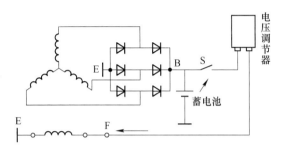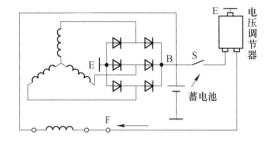

图 3-27　内外搭铁型交流发电机励磁电路

三、三相同步交流发电机的电压调节

由于交流发电机的转子是由发动机通过传动带驱动旋转的，且发动机和交流发电机的转速比为 1.7~3，由于交流发电机转子的转速变化范围非常大，这样将引起发电机的输出电压发生较大变化，无法满足农机用电设备的工作要求。为了满足用电设备恒定电压的要求，交流发电机必须配用电压调节器才能工作。

电压调节器是把发电机输出电压控制在规定范围内的装置，其功用是在发电机转速变化时，自动控制发电机输出电压保持恒定，使其不因发电机转速高时，电压过高而烧坏用电器和导致蓄电池过充电；也不会因发电机转速低时，电压不足而导致用电器工作失常。

交流发电机电压调节器按工作原理不同分为触点式电压调节器、晶体管电压调节器、集成电路电压调节器等，现在电器的应用以后两种为主。

交流发电机电压调节器按所匹配的交流发电机搭铁类型不同分为内搭铁型电压调节器、外搭铁型电压调节器。

交流发电机三相绕组产生的相电动势有效值为 $E_{\varphi} = C_e \phi n (v)$ 即交流发电机所产生的感应电动势与转子转速和磁极磁通成正比。

当转速几升高时，n 增大，发电机输出端电压 U_B 升高。当转速升高到一定值时，输出端电压达到限定值，要想使发电机的输出电压 U_B 不再随转速的升高而上升，只能通过减小磁通 ϕ 来实现。又因磁极磁通 ϕ 与励磁电流，成正比，所以减小磁通 ϕ 也就是减小励磁电流 I_f。

所以，交流发电机电压调节器的调压原理是：当发电机转速升高时，调节器通过减小发电机励磁电流 I_f 来减小磁通 ϕ，使发电机的输出电压 U_B 保持不变；当发电机的转速降低时，调节器通过增大发电机的励磁电流，来增加磁通 ϕ，使发电机的输出电压区保持不变。

（1）外搭铁型电压调节器工作原理。电压调节器有多种形式，其内部电路各不相同，但工作原理可用基本电路工作原理理解，如图 3-28 所示。

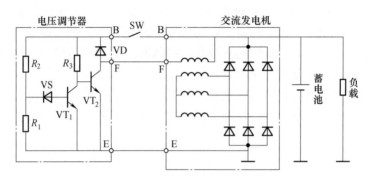

图 3-28　外搭铁型电压调节器原理

点火开关 SW 刚接通时，发动机不转。发电机不发电，蓄电池电压加在分压器 R_1、R_2 上，此时因 U_{R1} 较低，不能使稳压管 VS 反向击穿，VT_1 截止，使得 VT_2 导通，发电机磁场电路接通，此时由蓄电池供给磁场电流。随着发动机的起动，发电机转速升高，发电机他励发电，电压上升。

当发电机电压升高到大于蓄电池电压时，发电机自励发电并开始对外蓄电池充电，如果此时发电机输出电压 U_B < 调节器调节电压的上限 U_{B2}；VT_1 继续截止，VT_2 继续导通，但此时的磁场电流由发电机供给，发电机电压随转速升高迅速升高。

当发电机电压升高到等于调节电压上限 U_{B2} 时，调节器对电压的调节开始。此时 VS 导通，VT_1 导通，VT_2 截止，发电机磁场电路被切断，由于磁场被断路，磁通下降，发电机输出电压下降。

当发电机电压下降到等于调节下限 U_{B1} 时，VS 截止，VT_1 截止，VT_2 重新导通，磁场电路重新被接通，发电机电压上升。

综上所述，调压电路由检测电路（电阻 R_1 和 R_2 组成一个分压器，检测发电机电压）、比较电路（检测的电压与稳压管电压比较）；开关电路（大于 14 V，VT_1 饱和导通，反之截止）组成。

周而复始，发电机输出电压 U_B 被控制在一定范围内。

（2）内搭铁型电压调节器工作原理如图 3-29 所示，内搭铁型电压调节器基本电路的特点是晶体管 VT_1、VT_2 采用 PNP 型，发电机的励磁绕组连接在 VT_2 的集电极和搭铁端之间，与外搭铁型电路显著不同。电路工作原理和结构与外搭铁型电压调节器类似。

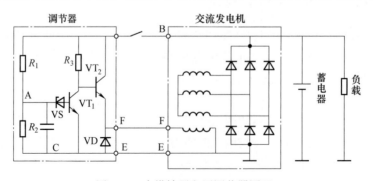

图 3-29　内搭铁型电压调节器原理

（3）集成电路调节器工作原理。集成电路调节器也叫 IC 调节器，是根据使用要求，将电路中的若干元器件集成在同一基片上，制成一个独立的电子芯片。集成电路调节器装于发电机内部，构成整体式交流发电机。发电机外部有 2 个或 3 个接线柱。

集成电路调节器的工作原理与晶体管调节器的工作原理完全一样，如图 3-30 所示，都通过稳压管感应发电机的输出电压信号，利用晶体管的开关特性控制发电机的励磁电流，使发动机的输出电压保持恒定。集成电路调节器通常与整体式发动机相配。

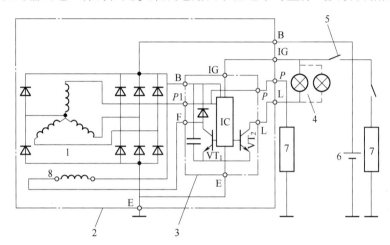

图 3-30　集成电路调节器原理

1—定子线圈；2—带集成电路调节器的交流发电机；3—集成电路调节器；4—充电指示灯；

5—主开关；6—蓄电池；7—负载；8—转子线圈

（1）磁场电流控制。VT_1 是大功率晶体管，和磁场串联，由集成片 IC（接收 IG 和 P 端子信号）控制 VT_1 的导通和截止，从而控制磁场电路通断，使发电机电压得到控制。

（2）充电指示灯控制。充电指示灯串接在 VT_2 集电极上，VT_2 导通充电指示灯亮，VT_2 截止充电指示灯熄灭。在集成片 IC 中有控制 VT_2 导通和截止的电路，控制信号由 P 点提供，P 点提供的是发电机单相电压的交流信号，其信号幅值大小可反映发电机输出电压高低。

当发电机输出电压低于蓄电池电压时，IC 中控制电路使 VT_2 导通，充电指示灯亮，当发电机输出电压高于蓄电池电压时，IC 中控制电路使 VT_1 截止，充电指示灯熄灭。

四、磁电机交流发电机的构造与原理

磁电机交流发电机是一种简单的永磁式交流发电机，它和三相同步交流发电机一样也是由转子和定子组成的。按转子形式的不同可分为转磁式、转磁导子式、转圈式三种类型，其中使用最广泛的是转磁式，转磁式磁电机又可分为飞轮式和转子式。插秧机等小型农用汽油机磁电机大多数采用飞轮式磁电机。

（一）磁电机交流发电机的构造

飞轮式磁电机有很多种，但都是由转子和定子组成的，其结构如图 3-31 和图 3-32 所示。

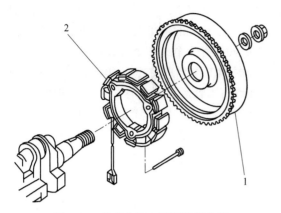

图 3-31　带多个发电线圈的磁电机
1—转子；2—定子

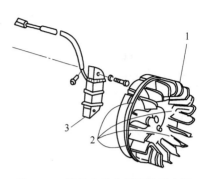

图 3-32　带单个发电线圈的磁电机
1—转子（飞轮）；2—永久磁铁；3—定子

（1）转子（也称为飞轮）由盆形外壳、永久磁铁和中心接头组成，外壳用钢板冲压成盆形，内腔均安装有 4 块或 6 块永久磁铁，并用不导磁的材料制成的螺钉或用树脂胶固牢。磁铁的 N 极和 S 极相间排列，磁铁用矫顽力很强的磁钢或铁氧体制成，充磁后可保持很强的磁性。

转子装在曲轴的后部，随曲轴一同旋转形成旋转磁场，用来蓄积爆发冲程中产生的爆发力，以免下一个压缩冲程的转速降低，从而使各个冲程之间的转速大致保持恒定。

（2）定子由单个或多个有一定匝数的线圈装在铁心上构成，也称为发电线圈。定子固定在曲轴箱上。

在发电机的驱动下；组装着永久磁铁的飞轮（转子）旋转时，定子线圈上将产生感应电动势。

（3）整流器与电压调节器带多个发电线圈的磁电动机配有整流器与电压调节器，如图 3-33 和图 3-34 所示。图 3-34 中左侧是由 4 只二极管组成的整流电路，右侧标有"Unit"单元的是集成电路调节器。

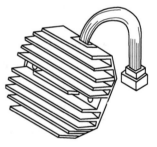

图 3-33　整流器与电压
调节器外形

整流器的作用是利用由二极管组成的桥式整流电路将交流电变为直流电。电压调节器的作用是使发电线圈的输出电压控制在规定范围。

（二）磁电机交流发电机的工作原理

（1）交流电动势的产生。磁电机转子上的 4 块永久磁铁 N 极和 S 极相间均匀布置，当飞轮旋转时，永久磁铁形成的磁场也随之转动，如图 3-35 所示。

当相邻的两块永久磁铁 1、2 与定子铁心对齐时，永久磁铁的磁力线由 N 极出发穿过铁心到 S 极，所以穿过铁心的磁通为最大（通常设计成达到饱和），但它随时间的变化率为零。随着转子的转动永久磁铁 1、2 又逐渐离开铁心，使穿过铁心的磁通逐渐减小。

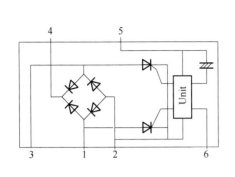

图 3-34　整流器与电压调节器内部结构

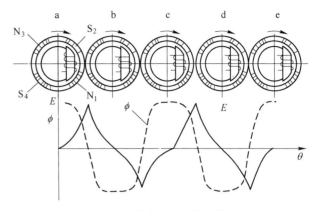

图 3-35　飞轮式磁电机的工作原理

当转子转过 45°时，永久磁铁 1、2 完全离开铁心，永久磁铁 1、2 之间的磁回路被切断，穿过铁心的磁通为零，但它随时间的变化率为最大。若再转动，永久磁铁 2、3 又逐渐靠近铁心两端，穿过铁心的磁通又在反方向逐渐增大，再转过 45°时穿过铁心的磁通又在反方向上达到最大值。

转子再转动 45°时，永久磁铁又完全离开铁心，永久磁铁 2、3 之间的磁回路被切断，穿过铁心的磁通又变为零，转子就这样不断地转动，穿过电枢铁心的磁通总是在不断地由最大值变化到 0，再由 0 变化到最大值。

由法拉第电磁感应定律可知穿过线圈的磁通量发生变化时，线圈中便产生感应电动势，其大小与磁通的变化率成正比，即 $E = \mathrm{d}\phi/\mathrm{d}t$，其方向由右手定则判定。

若外电路闭合，电路中便有感应电流，感应电流产生的磁场总是阻碍原来磁通的变化。磁电机转子上安装有四块永久磁铁，所以转子旋转 180°，交流电动势变化一个周波，转子每转一周，交流电动势变化两次。

对于采用 4 块两对永久磁铁的磁电机，电枢绕组中产生感应电动势的频率与磁电机转子，转速 n 成正比，即

$$f = 2n/60 = n/30$$

如果已知穿过铁心的磁通，就可求出磁电机电枢绕组所产生的电动势 E，即

$$E = 4.44f\phi N$$

式中，n 为电枢绕组的匝数；ϕ 为电枢铁心的磁通。

铁心中磁通大则产生的感应电动势大，铁心中磁通的大小与磁场强度及定子和飞轮之间的配合间隙（称为气隙，一般为 0.15～0.45）有很大关系。在磁场强度一定的情况下气隙越大磁路中的磁阻越大，铁心中的磁通就越小。

（2）磁电动机的自身限流原理。同三相同步交流发电机一样，磁电机电枢绕组的端电压 U 等于绕组的感应电动势与内部电压降之差。即

$$U = E - IZ$$

$$I = \frac{E - U}{Z}$$

式中，I 为磁电机电枢绕组的输出电流（A）；Z 为发电机电枢绕组阻抗，其值为

$$Z = \sqrt{R^2 + X^2}$$

式中，R 为内阻（Ω）；X 为感抗，其值由下式确定：

$$X = 2\pi fL$$

式中，f 为电压波动频率（Hz）；L 为发电机输出端之间的电感（H）。

一般磁电机电枢绕组的感抗 X 比内阻 R 大得多，随着发电机转速的上升，X 成比例地增大，因而感抗引起的内部电压降随转速的增大，会越来越多地抵消绕组产生的感应电动势，以至于端电压不再随转速的上升再增加。如果负载不变，那么输出电流就不会增大。因此磁电机不需要使用限制电流的装置。

（3）磁电机整理与电压调节。由于磁电机产生交流电的原理与三相同步交流电一致，磁电机发电线圈输出的电动势波形与正弦波形接近，所以磁电机整理和电压调节原理与三相同步交流电一样，这里不再重复叙述。

五、充电系统的维护与检修

农业机械电源充电系统的作用是在发电机向用电设备提供电量外，向蓄电池充电，使蓄电池始终保持可使用状态。电源充电系统一般由发电机、蓄电池、点火开关、电流表（或充电指示灯）组成。

（一）三相同步交流发电机充电控制电路

图 3-36 为久保田 704 轮式拖拉机电源充电系统电路图，图 3-37 为久保田联合收割机电源充电系统电路图，它们由蓄电池、发电机、点火开关、充电指示灯等电器元件组成。

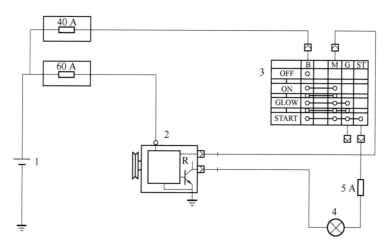

图 3-36　拖拉机电源充电系统电路图

1—蓄电池；2—发电机；3—点火开关；4—充电指示灯

上述两种机型电路设计不同，但充电原理一样，都是利用充电指示灯来反馈发电机是否能给蓄电池充电，当点火开关打到"ON""GLOW"或"START"挡时，充电指示灯由电源（蓄电池或发电机）通过点火开关供电。

当发动机正常运转后，如果发电机产生的电压达到标准值（必须高于蓄电池电压），

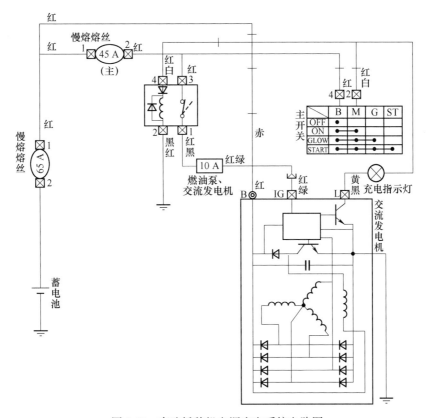

图 3-37　高速插秧机电源充电系统电路图

能够向蓄电池充电，电压调节器中的集成电路检测到某相线的电压信号，使电子开关截止，充电指示灯熄灭；反之，如果发电机能产生的电压没有达到标准值（一般为 14 V），不能向蓄电池充电，使电子开关导通，充电指示灯点亮。

（二）磁电机充电控制电路

图 3-38 为久保田高速插秧机电源充电系统电路图。它由磁电机、调节器、充电示灯、主开关、蓄电池等电器元件组成。

该系统利用充电指示灯来反馈发电机是否能给蓄电池充电，当点火开关打到"ON"或"START"挡时，充电指示灯由电源（蓄电池或磁电机）通过点火开关供电。

当发动机正常运转后，如果磁电机产生的电压达到标准值（必须高于蓄电池电压），能够向蓄电池充电，电压调节器中的集成电路（Unit）检测到主开关 IG 端子的电压信号，使电子开关截止，充电指示灯熄灭；反之，如果发电机能产生的电压没有达到标准值（一般为 14 V），不能向蓄电池充电，使电子开关导通，充电指示灯点亮。

（三）不充电故障诊断与排除

1. 故障现象

发动机中速以上运转，电流表指示放电，充电指示灯不熄灭。测量发电机端电压为

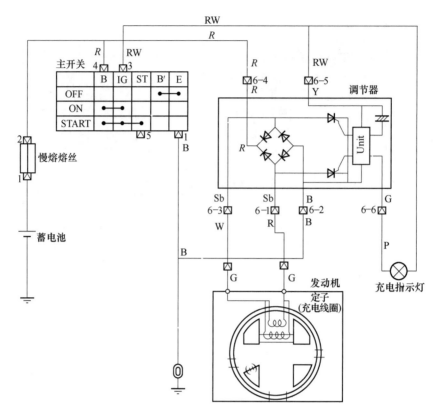

图 3-38　久保田高速插秧机电源充电系统电路图

W 蓄电池电压。

　　2. 原因分析

　　（1）发电机传动带断裂或打滑严重。

　　（2）发电机励磁线路或充电线路断路。

　　（3）发电机故障：电刷与集电环接触不良；二极管击穿、断路；转子绕组短路、断路或搭铁；定子绕组短路、断路、搭铁。

　　（4）调节器故障：晶体管调节器的稳压管及小功率晶体管短路或到功率晶体管断路；调节器的搭铁方式与发电机不匹配。

　　3. 故障排除

　　（1）依次检查传动带松紧、导线连接（松脱或接错）情况。若正常，进行下一步。

　　（2）检查励磁电路。

　　对发电机进行电磁吸力试验，若不正常，检查励磁电路。应首先区分是发电机的故障还是调节器的故障（给发电机转子绕组通电，通过试验其是否有电磁吸力来证明）。若正常，进行下一步。

　　（3）检查电枢回路（用试灯检查发电机"B"接线端是否有电的方法来确定故障是在外线路还是在发电机内部）。诊断电路故障时，可用试灯或万用表的电阻挡或电压挡。

（四）充电电流过小的故障诊断与排除

1. 故障现象

在蓄电池亏电的情况下，发动机中高速运转时充电电流很小，或蓄电池经常亏电。

2. 原因分析

（1）充电线路接触不良。

（2）传动带打滑。

（3）发电机有故障。

（4）调节器调节电压过低或有故障。

3. 故障排除

（1）检查发电机传动带的松紧状况和是否存在油污，检查导线的连接。

（2）拆下发电机"F"导线，用试灯两端接发电机"B"和"F"接线柱，启动发动机，并逐渐提高转速，若试灯发红，证明发电机有故障；若亮度增加较大则说明发电机正常，故障在调节器。若有电流表则可在此情况下观察其充电电流的大小，以区分是发电机故障还是调节器的故障。

（五）充电电流过大的故障诊断与排除

1. 故障现象

在蓄电池不亏电的情况下，电流表指示充电仍在 10 A 以上，或电解液消耗过快。

2. 原因分析

（1）调节器调节电压值过高。

（2）晶体管调节器大功率晶体管不能有效截止或短路。

（3）发电机的励磁线路与"B+"短接。

3. 故障排除

拆下调节器磁场接线，逐步提高发电机转速并观察电流表。若仍指示充电，即为发电机的故障；否则，为调节器的故障，应进行更换。

（六）充电不稳故障诊断与排除

1. 故障现象

发动机在怠速以上运转时，电流表指示不稳或开灯后有闪亮现象。

2. 原因分析

（1）传动带松动，有时打滑。

（2）充电系导线接触不良。

（3）发电机故障：转子或定子线圈有局部断路或短路故障；电刷与集电环间接触不良。

3. 故障排除

（1）首先排除传动带打滑和导线接触不良等外在故障。

（2）应先检查调节器的故障再检查发电机的故障。

（3）发电机故障：轴承故障；转子与定子相碰；电刷磨损过大或与集电环接触不良；转子轴弯曲等。

第四章　农机启动系统

农机发动机是靠外力启动的。电力启动系统操作简便，启动迅速可靠，重复启动能力强，在现代农机上广泛应用。

第一节　启动系统的维护与检修

一、启动系统的功用与组成

要使发动机由静止状态过渡到工作状态，必须用外力转动发动机的曲轴，使气缸内吸入（或形成）可燃混合气并燃烧膨胀，工作循环才能自动进行。曲轴在外力作用下开始转动到发动机开始自动地怠速运转的全过程，称为发动机的启动。

（一）启动系统有两个重要参数

（1）启动转矩克服启动阻力所需的力矩称为启动转矩。启动阻力包括气缸内被压缩气体的阻力和发动机本身及其附件内相对运动的零件之间的摩擦阻力。

（2）启动转速保证发动机顺利启动所需的曲轴转速称为启动转速。车用汽油机在 0~20° 的气温下，一般最低启动转速为 30~40 r/min。为使发动机能在更低气温下迅速启动，要求启动转速能达 30~40 r/min。车用柴油机所要求的启动转速较高，达 150~300 r/min。

（二）电力启动系统的组成

用电动机作机械动力，当电动机轴上的齿轮与发动机飞轮周缘的齿圈啮合时，动力就传到飞轮和曲轴，使之旋转。电动机本身又以蓄电池作为能源。

电力启动系统由启动机和控制电路两大部分组成。具体地说包括蓄电池、启动机、启动继电器和点火开关等，如图 4-1 所示。

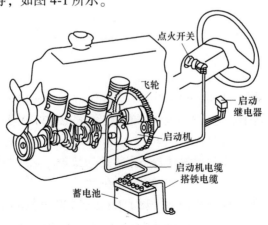

图 4-1　电力启动系统的组成

它们的作用是：启动机产生力矩，通过小齿轮驱动发动机飞轮转动，使发动机启动；控制电路用来控制启动机的工作。

二、启动机的结构与工作原理

启动机由直流电动机、传动机构和控制装置三部分组成，如图 4-2 所示。

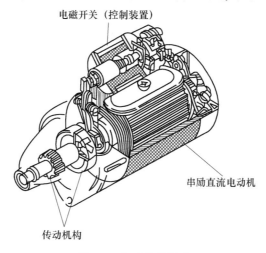

电磁开关（控制装置）

串励直流电动机

传动机构

图 4-2　启动机的组成

直流电动机是将蓄电池输入的电能转换为机械能，产生电磁转矩。传动机构由单向离合器与驱动齿轮、拨叉等组成，其作用是在启动发动机时使驱动齿轮与非轮齿圈相啮合，将启动机的转矩传递给发动机曲轴；在发动机启动后又能使驱动齿轮与飞轮自动脱离，在它们脱离过程中，发动机飞轮反拖驱动齿轮时，单向离合器使其形成空转，避免了飞轮带动启动机轴旋转。

操纵机构主要是指启动机的电磁开关，用来接通或断开电动机与蓄电池之间的电路。

（一）直流电动机的结构

直流电动机分为永磁式和非永磁式两种，两者的区别是永磁式直流电动机的磁极是永久磁铁，而非永磁式直流电动机的磁极由磁极铁心和磁场绕组组成。除此之外，两种直流电动机的构造与工作原理几乎一样。永磁式直流电动机一般用于大功率农业机械，如拖拉机、联合收割机等。非永磁式直流电动机一般用于小功率农业机械，如插秧机等。

本书主要介绍非永磁式直流电动机。

直流电动机由电枢（转子）、磁极（定子）、换向器和电刷等主要部件构成。

（1）电枢。直流电动机的转动部分称为电枢，又称转子。转子由外圆带槽的硅钢片叠成的铁心、电枢绕组、电枢轴和换向器组成，如图 4-3、图 4-4 所示。

图 4-3　电枢实物图

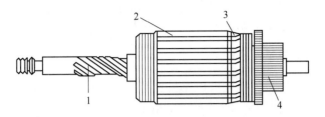

图 4-4　电枢示意图

1—电枢轴；2—电枢铁心；3—电枢绕组；4—换向器

　　为了获得足够的转矩，通过电枢绕组的电流较大（汽油机为 200~600 A；柴油机可达 1000 A），因此，电枢绕组采用较粗的矩形裸铜漆包线绕制为成形绕组。

　　（2）磁极。磁极由固定在机壳内的磁极铁心和磁场绕组组成。

　　磁极一般是 4 个，两对磁极相对交错安装在电动机的壳体内，定子与转子铁心形成的磁通回路如图 4-5 所示，低碳钢板制成的机壳也是其中的一部分。

　　4 个励磁绕组有的是相互串联后再与电枢绕组串联（称为串联式），有的则是两两相串后再并联，再与电枢绕组串联（称为混联式），如图 4-6（a）（b）所示。

　　启动机内部线路连接如图 4-6（c）所示。励磁绕组一端接在外壳的绝缘接线柱上，另一端与 2 个非搭铁电刷相连接。

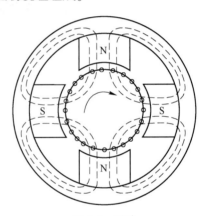

图 4-5　磁路

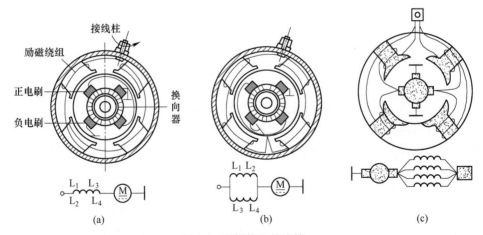

图 4-6　磁场绕组的连接

（a）4 个励磁绕组相互串联；（b）2 个励磁绕组串联后再并联；（c）4 个励磁绕组相互并联

　　当启动开关接通时，电动机的电路为：蓄电池正极→接线柱→励磁绕组→电刷→换向器和电枢绕组→搭铁电刷→搭铁蓄电池负极。

　　（3）电刷与电刷架。电刷架一般为框式结构，其中正极电刷架绝缘地固定在端盖上，负极电刷架与端盖直接相连并搭铁。电刷置于电刷架中，电刷由铜粉与石墨粉压制而成，呈棕黑色。电刷架上有较强弹性的盘形弹簧，保证电刷与换向器可靠接触，如图4-7、图4-8所示。

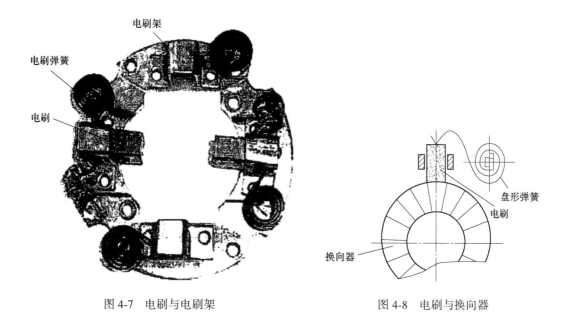

图4-7　电刷与电刷架　　　　　　　　　　　图4-8　电刷与换向器

（4）换向器。换向器用于实现向旋转的电枢绕组注入电流。它由许多截面呈燕尾形的铜片围合而成，如图4-9、图4-10所示。铜片之间由云母绝缘。云母绝缘层应比换向器铜片外表面凹下0.8 mm左右，以免铜片磨损时，云母片很快突出。电枢绕组各线圈的端头均焊接在换向器的铜片上。

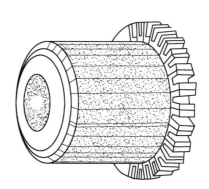

图4-9　换向器实物图　　　　　　图4-10　换向器示意图

（二）直流电动机的工作原理

（1）电磁转矩是根据载流导体在磁场中受到电磁力作用而发生运动的原理工作的。图4-11（a）所示为一台最简单的两极直流电动机模型。

根据左手定则判定 ab、cd 两边均受到电磁力 F 的作用，由此产生逆时针旋转方向的电磁转矩弦使电枢转动。换向方法如图 4-11（b）所示。实际的电枢上有很多线圈，换向器铜片也有相应的对数。

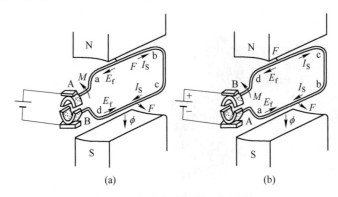

图 4-11　直流电动机的工作原理

（a）绕组中的电流方向为 abcd；（b）绕组中的电流方向为 dcba

（2）直流电动机转矩自动调节原理电枢在电磁转矩 M 作用下转动，但由于绕组在转动时同时也切割磁力线而产生感应电动势，根据右手定则判定其方向与电枢电流 I_S 方向相反，故称反电动势。反电动势幼与磁极的磁通 ϕ 和电枢的转速 n 成正比，即

$$E_f = C_e \phi n$$

式中，C_e 为电动机结构常数。

由此可推出电枢回路的电压平衡方程式，即

$$U = E_f I_S R_S$$

式中，R_S 为电枢回路电阻，其中包括电枢绕组电阻以及电刷和换向器的接触电阻。

直流电动机在刚刚接通直流电源的瞬间，电枢转速、反电动势均为 0，此时，电枢绕组中的电流最大，即 $I_S = U/R_S$，将产生最大的电磁转矩，即 M_{max}，若此时的电磁转矩 M 大于电动机阻力转矩 M_Z，电枢就开始加速运转起来。随着转速几的上升，E_f 增大，I_S 下降，M 也就随着下降。当 M 下降至与 M_Z 相等时，电枢就以此转速运转。如果直流电动机在工作过程中负载发生变化，就会出现以下情况：

负载增大时，$M < M_Z \rightarrow n\downarrow \rightarrow E_f\downarrow \rightarrow I_S\uparrow \rightarrow M\uparrow \rightarrow M = M_Z$ 达到新的稳定。

负载减小时，$M < M_Z \rightarrow n\uparrow \rightarrow E_f\uparrow \rightarrow I_S\downarrow \rightarrow M\downarrow \rightarrow M = M_Z$ 达到新的稳定。

由此可见，当负载变化时，电动机能通过转速、电流和转矩的自动变化来满足负载的需要，使之能在新的转速下稳定工作。因此，直流电动机有自动调节转矩的功能。

三、传动机构的结构与工作原理

启动机的传动机构包括离合器和拨叉两部分。离合器起着传递转矩将发动机启动，同时又能在启动后自行脱离啮合保护启动机不致损坏的作用。拨叉的作用是使离合器做轴向移动。滚柱式离合器是目前国内外农机启动机中使用广泛的一种离合器。

（一）滚柱式离合器的构造

这种离合器的结构如图 4-12 所示。传动套筒内具有内花键，与电枢轴上的外花键相配合。启动小齿轮套在电枢轴的光滑部分上。在传动套筒的另一端，活络地套着缓冲弹簧压向右方，并有卡簧防止脱出。移动衬套由传动叉拨动。启动小齿轮与离合器外壳刚性连接，十字块与传动套筒刚性连接。装配后，十字块与外壳形成四个楔形空间，滚柱分别安装在四个楔形空间内，且在压帽与弹簧张力的作用下，处在楔形空间的窄端。

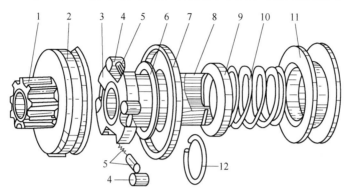

图 4-12　离合器的结构

1—启动机驱动齿轮；2—外壳；3—十字块；4—滚柱；5—压帽与弹簧；6—垫圈；
7—护盖；8—传动套筒；9—弹簧座；10—缓冲弹簧；11—移动衬套；12—卡簧

（二）滚柱式离合器的工作原理

离合器的外壳与十字块之间的间隙为宽窄不同的楔形槽。这种离合器就是通过改变滚柱在楔形槽中的位置来实现离合的。

启动发动机时，在电磁力的作用下，传动拨叉使移动衬套沿电枢轴轴向移动，从而压缩缓冲弹簧。在弹簧张力的作用下，离合器总成与启动小齿轮沿电枢轴轴向移动实现启动小齿轮与发动机飞轮的啮合。与此同时，控制装置接通启动机主电路，启动机输出强大的电磁转矩。转矩由传动套筒传至十字块，十字块与电枢轴一同转动。此时，由于飞轮齿圈瞬间制动，就使滚柱在摩擦力的作用下，滚入楔形槽的窄端而卡死。于是启动小齿轮和传动套成为一体，带动飞轮启动发动机，如图 4-13（a）所示。

启动发动机后，由于飞轮齿环带动驱动齿轮高速旋转且比电枢轴转速高得多，驱动齿轮尾部的摩擦力带动滚柱克服弹簧张力，使滚柱滚向楔形腔室较宽的一端，于是滚柱将在

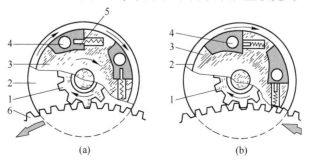

(a)　　　　　　　　　(b)

图 4-13　滚柱式离合器的工作原理

（a）发动机启动时；（b）发动机启动后

1—驱动齿轮；2—外壳；3—十字块；4—滚柱；5—压帽与弹簧；6—飞轮齿环

驱动齿轮尾部与外座圈间发生滑动摩擦，发动机动力不能传给电枢轴，起到分离作用，电枢轴只按自己的转速空转，避免了电枢超速飞散的危险，如图4-13（b）所示。

启动完毕，则由拨叉回位弹簧作用，经拨环使离合器退回，驱动齿轮完全脱离飞轮齿环。

（三）操纵机构的结构与工作原理

启动机的控制装置均采用电磁式控制装置，即电磁开关，如图4-14所示。

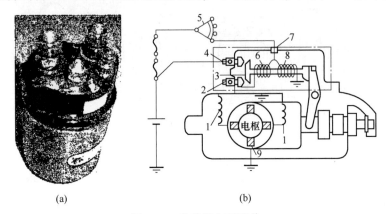

（a）　　　　　　　　　　　（b）

图 4-14　启动机电磁开关

（a）电磁开关实物图；（b）电磁开关的构造图

1—励磁绕组；2—"C"端子；3—旁通接柱；4—"30"端子；5—点火开关；6—吸引线圈；

7—"50"端子；8—保持线圈；9—电刷

1. 操纵机构的构造

电磁并关主要由吸引线圈、保持线圈、复位弹簧、活动铁心、接触片等组成。其中，电磁开关上的"30"端子接至蓄电池正极；"C"端子接启动机励磁绕组；吸引线圈一端接启动机主电路。

2. 操纵机构的工作原理

点火开关接至启动挡时，接通吸引线圈和保持线圈，其电路为：蓄电池正极→熔断器→点火开关→"50"端子→分两路，一路经吸引线圈→主电路"C"端子→励磁绕组→电枢绕组→搭铁→蓄电池负极；另一路经保持线圈→铁蓄电池负极。

此时，吸引线圈与保持线圈产生的磁场方向相同，在两线圈电磁吸力的作用下，活动铁心克服回位弹簧的弹力而被吸入。拨叉将启动小齿轮推出使其与飞轮齿圈啮合。齿轮啮合后，接触盘将触点接通，蓄电池便向励磁绕组和电枢绕组供电，产生正常的转矩，带动启动机转动。与此同时，吸引线圈被短路，齿轮的啮合位置由保持线圈的吸力来保持。

四、减速启动机的结构与工作原理

减速启动机与常规启动机的主要区别是：在传动机构和电枢轴之间安装了一套齿轮减速装置，通过减速装置把力矩传递给单向离合器，可以降低电动机的速度，增大输出力矩，减小启动机的体积和质量。齿轮减速装置主要有平行轴式外啮合减速齿轮装置和行星齿轮式减速装置两种形式。

（一）平行轴式减速启动机

平行轴式减速启动机主要由电动机、平行轴减速装置、传动机构和控制装置构成，如图 4-15 所示。

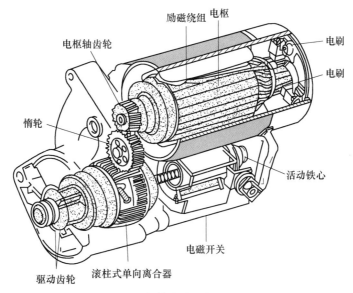

图 4-15 平行轴式减速启动机的构造

1. 电动机

电动机四个磁场绕组相互并联后再与电枢绕组串联，仍为串励电动机，如图 4-16 所示。基本部件与常规启动机相似。

2. 传动机构及减速装置

传动机构和减速装置的位置关系如图 4-17 所示。滚柱式单向离合器设置在减速齿轮内毂，其内毂制成楔形空腔，传动导管装入时，将空腔分割成 5 个楔形腔室，腔室内放置

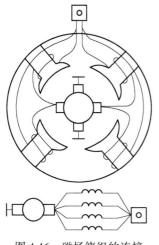

图 4-16 磁场绕组的连接

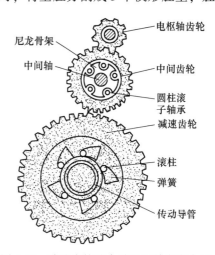

图 4-17 减速齿轮啮合关系和单向离合器

滚柱和弹簧。平时在弹簧张力作用下，滚柱滚向楔形腔室窄端，传递动力时，由滚柱将传动导管和减速齿轮卡紧成一体。离合器的工作原理和常规启动机中的滚柱式单向离合器工作原理相同。

减速齿轮装置采用平行轴式外啮合减速齿轮装置，该装置中设有三个齿轮，即电枢轴齿轮、惰轮（中间齿轮）及减速齿轮。与常规启动机相比，该减速装置传动比较大，输出力矩也较大。

3. 控制装置及工作过程

结合电路图分析控制装置的工作原理如图 4-18 所示，控制装置的结构与传统式电磁控制装置大致相同，不同之处在于活动铁心的左端固装的挺杆，经钢球推动驱动齿轮轴，活动铁心右端绝缘地固装着接触片。启动机不工作时，触盘与触点分开，驱动齿轮与飞轮分离。

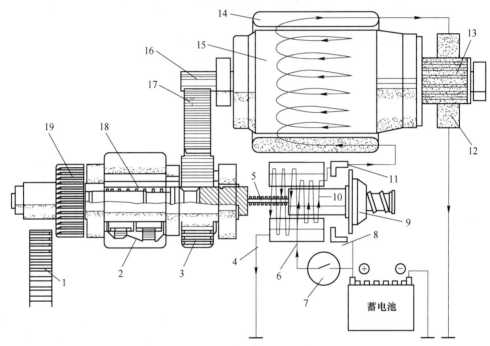

图 4-18　平行轴式减速启动机结构及电路图

1—飞轮齿圈；2—单向离合器；3—离合器（减速）齿轮；4—保持线圈；5—活动铁心回位弹簧；6—端子 50；
7—点火开关；8—端子 30；9—活动铁心；10—吸引线圈；11—端子 C；12—电刷；13—换向器；14—励磁绕组；
15—电枢；16—电枢轴齿轮；17—惰轮；18—驱动齿轮回位弹簧；19—驱动齿轮

其工作过程如下：接通启动开关，吸引线圈和保持线圈通电，此时的电流流向为：蓄电池→点火开关→端子 50→保持线圈→搭铁，蓄电池→点火开关→端子 50→吸引线圈→端子 C→励磁绕组→电枢绕组→搭铁，此时电动机低速运转，如图 4-18 所示。

如图 4-19 所示，吸引线圈和保持线圈的电磁力吸引活动铁心左移，推动驱动齿轮轴，迫使驱动齿轮与飞轮啮合，这种动作过程称为直动齿轮式。

驱动齿轮与飞轮齿圈进入啮合后，接触片和触点接触，此时电流的方向为：蓄电池→点火开关→端子 50→保持线圈→搭铁，这样保持线圈产生的磁场使活动铁心保持在原位。同时，电流还流经磁场线圈，电路为：蓄电池→端子 30→接触片→端子 C→励磁绕组→电

枢绕组→搭铁。这样电枢电路接通并开始旋转。电枢轴产生的力矩经电枢轴齿轮→惰轮→
减速齿轮→滚柱式单向离合器→驱动齿轮轴→驱动齿轮→飞轮齿圈，带动曲轴旋转，使发
动机启动，如图 4-20 所示。

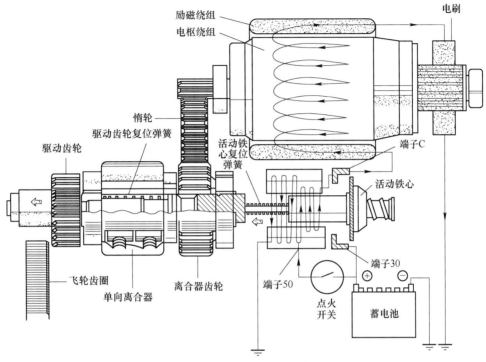

图 4-19 驱动齿轮和齿圈啮合过程

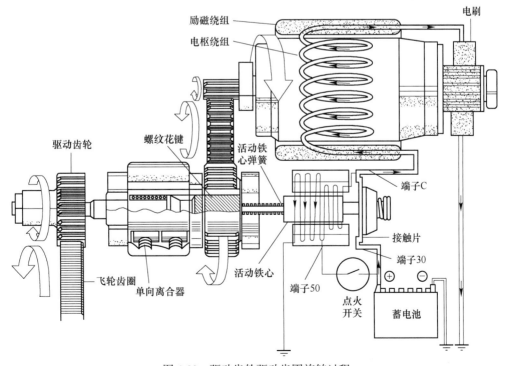

图 4-20 驱动齿轮驱动齿圈旋转过程

发动机启动后，放松启动开关，点火开关回到点火挡，吸引线圈和保持线圈断电，引铁在复位弹簧张力作用下回位，接触片与触点分离，电枢停止转动。同时，驱动齿轮轴在复位弹簧作用下回位，拖动驱动齿轮与飞轮分离，恢复到初始状态，如图 4-21 所示。

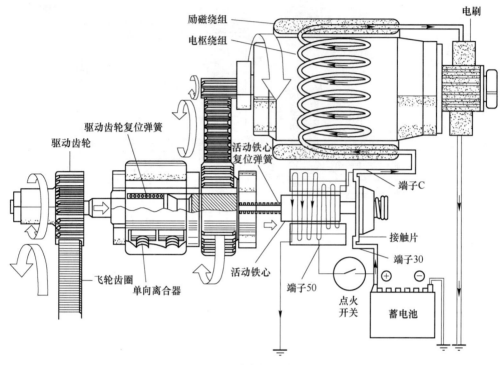

图 4-21　驱动齿轮和齿圈脱离

（二）行星齿轮式减速启动机

行星齿轮式减速启动机主要由电动机、行星齿轮式减速装置、传动机构和控制装置构成，如图 4-22 所示。

1. 电动机

该电动机的结构有两类：一类与常规启动机类似，采用励磁绕组产生磁场；另一类采用永久磁铁磁场代替励磁绕组，减小了启动机的体积，提高了启动性能。

2. 传动机构及减速齿轮装置

该启动机的传动机构采用滚柱式单向离合器，用拨叉拨动驱动齿轮使之移动，其结构和工作过程与传统式启动机类似。

行星齿轮式减速装置中设有三个行星齿轮、一个太阳轮（电枢轴齿轮）及一个固定的内齿轮，其结构如图 4-23 所示。

齿轮固定不动，行星齿轮支架是一个具有一定厚度的圆盘，圆盘和驱动齿轮轴制成一体。三个行星齿轮连同齿轮轴一起压装在圆盘上，行星齿轮在轴上可以边自转边公转。驱动齿轮轴一端制有螺旋键齿，与离合器传动导管内的螺旋键槽配合。

如图 4-24 所示，为了防止启动机中过大的扭力对齿轮造成损坏，弹簧垫圈把离合器片压紧在内齿轮上，当内齿圈受到过大的扭力时，离合器片和弹簧垫圈可以吸收过大的扭力。

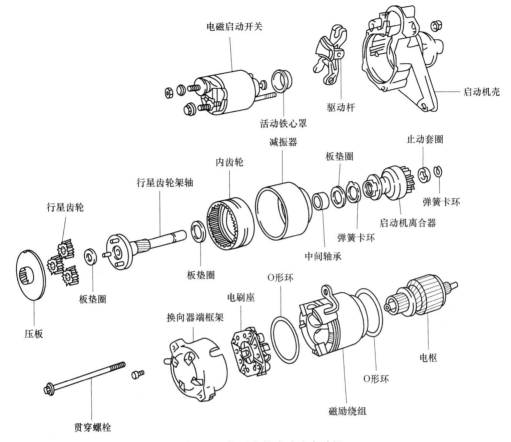

图 4-22　行星齿轮式减速启动机

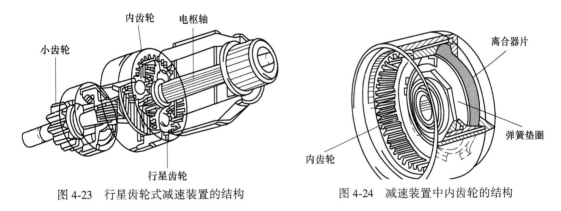

图 4-23　行星齿轮式减速装置的结构　　　　　图 4-24　减速装置中内齿轮的结构

第二节　启动系统的故障诊断与排除

一、启动系统的控制电路

图 4-25 为某款拖拉机的启动系统的控制电路，由蓄电池、启动机、熔丝、电流表、

启动开关、启动继电器等组成。

当启动开关接通后，启动继电器内部触点闭合，接通电磁开关电路，使电动机旋转，同时使驱动齿轮向外移动，与飞轮啮合。反之，断开启动开关，启动继电器内部触点打开，切断电磁开关电路，使电动机停止旋转，同时使驱动齿轮复位。

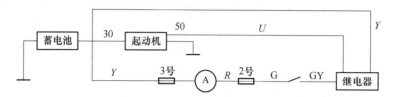

图 4-25　启动系统的控制电路

二、启动系统的工作过程分析

（一）带继电器的启动系统工作过程

如图 4-26 所示，在电磁操纵式启动机的使用中，常通过启动继电器的触点接通或切断启动机电磁开关的电路控制启动机的工作，以保护点火开关。

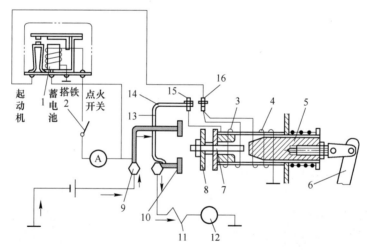

图 4-26　启动系统示意图

1—启动继电器；2—点火开关；3—吸引线圈；4—保持线圈；5—活动铁心；6—拨叉；7—推杆；
8—接触盘；9—启动机主接线柱；10—电动机主接线柱；11—励磁绕组；12—电枢绕组；13—辅助接线柱；
14—导电片；15—吸引线圈接线柱；16—电磁开关接线柱

点火开关未接通时，启动继电器触点张开，启动机开关断开，离合器驱动齿轮与飞轮处于分离状态。

（1）启动继电器线圈电路接通其电路为：蓄电池正极→电流表→点火开关→启动继电器 "点火开关" 接线柱→线圈搭铁→蓄电池负极。

（2）电磁线圈电路接通继电器触点闭合，同时接通吸引线圈和保持线圈电路，两线圈产生同方向的磁场，磁化铁心，吸动活动铁心前移，铁心前端带动触盘接通启动机主接线柱和电动机主接线柱，后端通过耳环带动拨叉移动使驱动齿轮与飞轮啮合。

吸引线圈电路：蓄电池正极→启动机主接线柱→启动继电器"电池"接线柱、支架、触点、"启动机"接线柱→电磁开关接线柱→吸引线圈→导电片→电动机主接线柱→电动机→搭铁→蓄电池负极。

保持线圈电路：蓄电池正极→启动机开关接线柱→启动继电器"电池"接线柱、支架、触点、"启动机"接线柱→电磁开关接线柱→保持线圈→搭铁→蓄电池负极。

（3）电动机电路接通，接触盘将启动机主接线柱与电动机主接线柱连通后，电动机电路接通。此电路电阻极小，电流可达几百安培，电动机产生较大转矩，带动飞轮转动。电动机主接线柱接通后，吸引线圈被短路。

其电路为：蓄电池正极→电动机主接线柱→接触盘→电动机主接线柱→励磁绕组→电枢绕组→搭铁→蓄电池负极。

（4）启动开关断开启动继电器停止工作，触点张开。启动机主接线柱与电动机主接线柱断开，驱动齿轮和飞轮分离。

启动继电器触点张开后，启动机主接线柱与电动机主接线柱断开瞬间，保持线圈电流通路为：蓄电池正极→启动机主接线柱→接触盘→电动机主接线柱→导电片→吸引线圈→电磁开关接线柱→保持线圈→搭铁→蓄电池负极。

（二）带组合继电器式控制装置的启动系统工作过程

为了防止发动机启动以后启动电路再次接通，一些启动电路中安装了带有保护功能的组合式继电器，由启动继电器和保护继电器组合而成。启动继电器由点火开关控制，用来控制启动机电磁开关的电路，保护继电器与启动继电器配合，使启动电路具有自动保护功能，并可以控制充电指示灯。组合继电器式控制电路如图 4-27 所示。

当点火开关转至启动挡位时，启动继电器电磁铁线圈电路接通。其电路为：蓄电池正极→电流表→点火开关→组合继电器接线柱"SW"→启动继电器电磁铁线圈→充电指示控制继电器触点→搭铁→蓄电池负极。启动继电器触点闭合，接通吸引线圈和保持线圈电流通路，启动机开始工作。

发动机发动后，发电机建立电压，其中性点同时有一定数值的电压对充电指示控制继电器线圈供电。其电路为：定子绕组→中性点→组合继电器接线柱"N"→线圈→接线柱→"E"→搭铁→正向导通二极管→定子绕组。

当中性点电压达到 $U_e/2$ 后，线圈通过电流使铁心产生吸力吸开触点，切断启动继电器线圈电路，触点张开，启动机中止工作。

发动机正常工作后，若误接通启动开关，启动机也不会工作。因为此时，发电机已正常供电，中性点始终保持一定的电压值，使充电指示控制继电器触点总是处于张开状态，启动继电器触点不再闭合，启动机更不会工作，从而实现了对启动机的保护。

三、启动机整体性能测试

（一）吸引线圈性能测试

将启动机励磁线圈的引线断开，如图 4-28 所示，连接蓄电池与电磁开关，使蓄电池

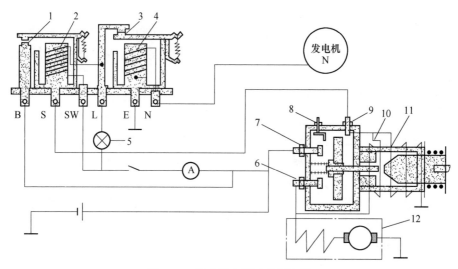

图 4-27　组合继电器式控制电路

1—启动继电器常开触点；2—启动继电器线圈；3—保护继电器常闭触点；4—保护继电器线圈；5—充电指示灯；6—端子 C；7—端子 30；8—附加电阻短路开关接线柱；9—端子 50；10—吸引线圈；11—保持线圈；12—直流电动机

正极接端子 50，蓄电池负极分别接端子 C 和启动外壳。如果推杆被强力吸引，则吸引线圈为正常。反之，可能是吸引线圈断线和柱塞滑动不良。

（二）保持线圈性能测试

在做完吸引线圈性能测试后，如图 4-29 所示，在驱动齿轮移出之后从端子 C 上拆下导线。如果推杆继续保持被吸引状态，则吸引线圈为正常。反之，可能是保持线圈断线。

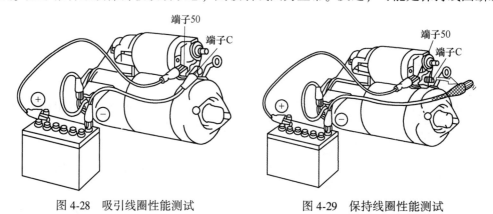

图 4-28　吸引线圈性能测试　　　　　图 4-29　保持线圈性能测试

（三）驱动齿轮回位测试

如图 4-30 所示，从启动机外壳上拆下导线，如果驱动齿轮迅速回位，则回位弹簧功能为正常。

（四）驱动齿轮间隙的检查

如图 4-31 所示，进行驱动齿轮间隙的测量。

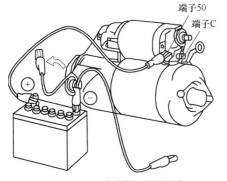

图 4-30　驱动齿轮回位测试

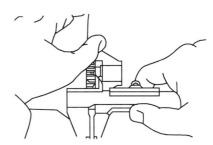

图 4-31　驱动齿轮间隙检查

（五）启动机空载试验

首先将启动机固定好，再按图 4-32 所示连接导线，启动机运转应平稳，同时驱动齿轮应移出。读取电流表的数值，应符合标准值。

断开端子 50 后，启动机应立即停止转动，同时驱动齿轮缩回。

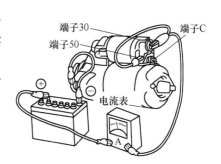

图 4-32　启动机空载试验

四、启动机不转故障诊断与排除

（一）故障现象

如图 4-26 所示带继电器的启动系统为例，将点火开关旋至启动挡，启动机驱动齿轮不向外伸出，启动机不转。

（二）故障原因

（1）电源故障。蓄电池严重亏电或极板硫化、短路等，蓄电池极柱与线夹接触不良，启动电路导线连接处松动而接触不良等。

（2）启动机故障。换向器与电刷接触不良，励磁绕组或电枢绕组有断路或短路，绝缘电刷搭铁，电磁开关线圈断路、短路、搭铁或其触点烧蚀等。

（3）点火开关故障。点火开关接线松动或内部接触不良。

（4）启动系统线路故障。启动线路中有断路、导线接触不良或松脱等。

（三）故障排除

根据图 4-26 带继电器的启动系统电路图，使用万用表或试灯等检测工具，按照图 4-33 所示流程进行故障排除。

五、启动机转动无力故障诊断与排除

（一）故障现象

将点火开关旋至启动挡，启动齿轮发出"咔嗒"声向外移出，但是启动机不转动或转动缓慢无力。

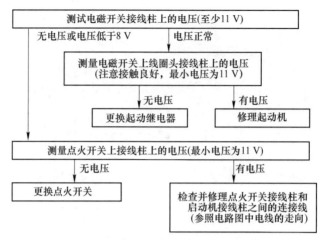

图 4-33　启动机不转故障诊断与排除流程图

（二）故障原因

（1）电源故障：蓄电池亏电或极板硫化短路，启动电源导线连接处接触不良等。

（2）启动机故障：换向器与电刷接触不良，电磁开关接触盘和触点接触不良，电动机励磁绕组或电枢绕组有局部短路等。

（三）故障排除

根据图 4-26 带继电器的启动系统电路图，使用万用表或试灯等检测工具，按照图 4-34 所示流程进行故障排除。

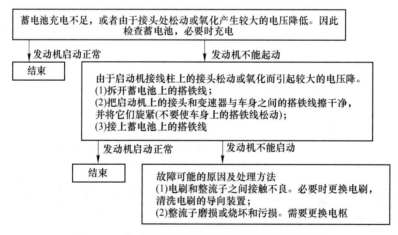

图 4-34　启动机转动无力故障诊断与排除流程图

六、启动机空转故障诊断与排除

（1）故障现象。接通启动开关后，只有启动机快速旋转而发动机曲轴不转。

（2）故障原因。此现象表明启动机电路畅通，故障在于启动机的传动装置和飞轮齿圈等处。

（3）故障排除。

1）启动机空转时，有较轻的摩擦声音，启动机驱动齿轮不能与飞轮齿圈啮合而产生空转，即驱动齿轮还没有啮合到飞轮齿圈中，电磁开关就提前接通，说明主电路的接触行程过短，应拆下启动机，进行启动机接通时刻的调整。

2）若在启动机空转的同时伴有齿轮的撞击声，则表明飞轮齿圈牙齿或启动机小齿轮牙齿磨损严重或已损坏，致使不能正确地啮合。

3）启动机传动装置故障有：单向啮合器弹簧损坏；单向啮合器滚子磨损严重；单向啮合器套管的内花键锈蚀，这些故障会阻碍小齿轮的正常移动，造成不能与飞轮齿圈准确啮合等。

4）有的启动机传动装置采用一级行星齿轮减速装置，其结构紧凑，传动比大，效率高。但使用中常会出现载荷过大而烧毁卡死。有的采用摩擦片式离合器，若压紧弹簧损坏，花键锈蚀卡滞和摩擦离合器打滑，也会造成启动机空转。

第五章 农机照明、信号、仪表报警系统

第一节 照明系统的结构与检修

照明系统是农业机械车辆夜间安全行驶和正常作业的重要保证。应在了解农业机械车辆照明系统的作用、类型、组成、结构、工作原理及电路分析的基础上，掌握照明系统的检修、检测方法，并能对农机照明系统的技术性能进行正确评价，能对照明系统常见故障进行分析，确定故障诊断流程，掌握照明系统的故障诊断方法。

一、照明系统的结构

农业机械车辆照明系统按其用途不同，可分为前照灯、作业灯和仪表照明灯。前照灯用于夜间行车道路的照明，作业灯用于夜间作业部位的照明，仪表照明灯用于夜间照亮仪表。三者的结构和工作原理非常相似，本书以前照灯为例进行讲解。

（一）前照灯的光学系统

前照灯的光学系统包括反射镜、配光镜和灯泡三部分，如图 5-1 所示。

（1）反射镜又称反光镜，作用是最大限度地将灯泡发出的光线聚合成强光束，达到照射距离远而明亮的目的。它由 0.6~0.8 mm 的冷轧钢板冲压成旋转抛物面形状（或玻璃、塑料制成），如图 5-2 所示，其内表面经精加工研磨后镀铬或镀铝或镀银再抛光。

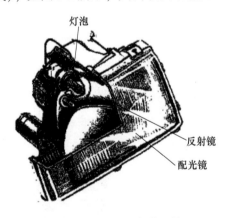

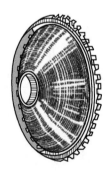

图 5-1　前照灯的光学组件　　　　图 5-2　反射镜

由于前照灯灯丝发出的光强度有限，功率仅 20~60 W。灯丝位于反射镜的焦点处时，其大部分光线经反射后，成为平行光束射向远方。无反射镜的灯泡，其光亮度只能照清周围 6 m 左右的距离，而经反射镜反射后的平行光束可照清远方 150 m 左右的距离。灯丝偏

离反射镜的焦点处时，经反射镜后，光线主要射向侧方和下方，有助于照明 5～10 m 的路面和路缘。反射镜原理如图 5-3 所示。

（2）配光镜又称散光玻璃，由透光玻璃压制而成，是多块特殊棱镜和透镜的组合，外形一般为圆形或矩形。圆形配光镜如图 5-4 所示。它的作用在于将反射光束进行扩散分配，使路段达到照明均匀的目的，配光镜的光线分布如图 5-5 所示。

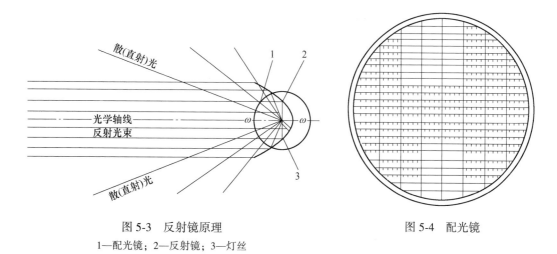

图 5-3　反射镜原理　　　　　　　　　图 5-4　配光镜
1—配光镜；2—反射镜；3—灯丝

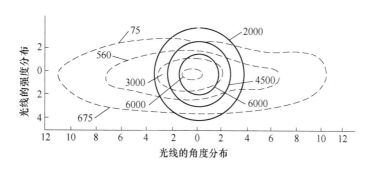

图 5-5　配光镜的光线分布
虚线—无配光镜的光线分布；实线—有配光镜的光线分布

（3）灯泡的灯丝由功率大的远光灯丝和功率较小的近光灯丝组成，由钙丝制作成螺旋状，以缩小灯丝的尺寸，有利于光束的聚合。为了保证安装时使远光灯丝位于反射镜的焦点上，使近光灯丝位于焦点的上方，故将灯泡的插头制成插片式。插头的凸缘上有半圆形开口，与灯头上的半圆形凸起配合定位。三个插片插入灯头距离不等的三个插孔中，保证其可靠连接。

前照灯的灯泡是充气灯泡，其构造如图 5-6 所示。它将玻璃泡内的空气抽出后，再充满惰性混合气体。一般充入的惰性气体为96%的氧气和4%的氮气。充入灯泡的惰性气体可以在灯丝受热时膨胀，增大压力，减少钨的蒸发，提高灯丝的温度和发光效率，节省电能，延长灯泡的使用寿命。

卤钨灯泡是利用卤钨再生循环反应的原理制成的。卤钨再生循环的基本作用过程是：

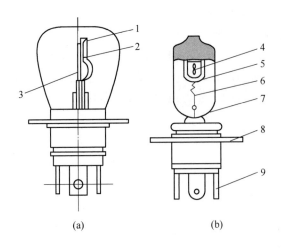

图 5-6　灯泡

(a) 充气灯泡；(b) 卤钨灯泡

1, 5—配光屏；2, 4—近光灯丝；3, 6—远光灯丝；7—泡壳；8—定焦盘；9—插片

从灯丝蒸发出来的气态钨与卤族元素反应生成了一种挥发性的卤化钨，它扩散到灯丝附近的高温区又受热分解，使钨重新回到灯丝上，被释放出来的卤族元素继续扩散参与下一次循环反应，如此周而复始地循环下去，从而防止了钨的蒸发和灯泡的发黑现象。

（二）前照灯的防眩目措施

前照灯射出的强光会使迎面来车驾驶员或前方工作人员眩目。"眩目"是指人的眼睛突然被强光照射时，由于视神经受刺激而失去对眼睛的控制，本能地闭上眼睛，或只能看到亮光而看不见暗处物体的生理现象。这很容易导致交通事故。

为了避免前照灯的眩目作用，保证农机夜间行车安全，一般在农机上都采用双丝灯泡的前照灯。灯泡的两根灯丝分别为远光灯丝和近光灯丝。远光灯丝功率较大，位于反射镜的焦点；近光灯丝功率较小，位于焦点上方（或前方），如图 5-7 所示。

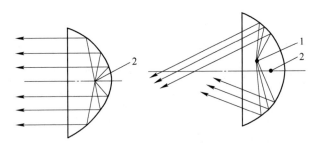

图 5-7　普通双丝灯泡

1—近光；2—远光

带有配光屏的双丝灯泡的工作情况如图 5-8 所示，远光灯丝位于反射镜的焦点上，近光灯丝则位于焦点前方且稍高出光学轴线，其下方装有金属配光屏。

由近光灯丝射向反射镜上部的光线，反射后倾向路面，而配光屏挡住了灯丝射向反射镜下半部的光线，故消除了能引起眩目的光线。配光屏安装时应偏转一定的角度，使其近光的光形分布不对称，形成一条明显的明暗截止线。这样不仅可以防止驾驶员眩目，还可防止迎面而来的行人眩目，保证了行驶安全。

二、照明系统的控制电路

照明系统的控制电路主要由灯光开关、灯光组件组成。

（一）灯光开关

灯光开关的种类有拉钮式、旋转式、组合式。

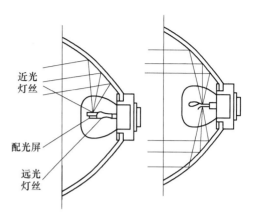

图 5-8　带有配光屏的双丝灯泡

（1）拉钮式开关。它有 3 个挡位、4 个接线柱，分别控制前照灯、位灯和尾灯，如图5-9 所示。当开关手柄位于第 I 位置时，接通电源接线柱 "4" 与仪表灯接线柱 "3" 给仪表灯供电；当开关手柄位于第 II 位置时，接通电源接线柱 "4" 与前照灯接线柱 "2" 给前照灯供电。

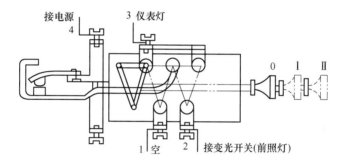

图 5-9　拉钮式灯光开关

（2）旋转式开关。它一般设有 4 个挡位、6 个接线柱，分别控制位灯、前照灯、侧灯，如图 5-10 所示。

旋动手柄使电源接线柱 "1" 与前照灯接线柱 "5" 接通，给前照灯的近光灯供电；旋动手柄使电源接线柱 "1" 与前照灯接线柱 "4" 接通，给前照灯的远光灯供电；旋动手柄使电源接线柱 "1" 与前照灯接线柱 "3" 接通，给工作灯供电；旋动手柄使电源接线柱 "2" 与前照灯接线柱 "6" 接通，给仪表灯供电。

（二）照明灯电源继电器

照明灯的工作电流大，若用车灯开关直接控制照明灯，车灯开关易损坏，因此在灯光电路中设有电源继电器。

图 5-11 为触点常开式照明灯电源继电器的结构和引线端子。端子 SW 与主开关相连，端子 E 搭铁，端子 B 与电源相连，端子 L 与灯光开关相连。当接通主开关后，继电器线圈通电，铁心被磁化产生吸力，触点闭合，通过灯光开关向各照明灯供电。

（三）照明系统电路

照明系统电路一般由电源(发电机、蓄电池)、熔丝、主开关、电源继电器、灯光开关等元器件组成。

如图 5-12 所示，在主开关闭合后，电源（蓄电池或发电机）通过继电器给灯光开关 1 号接线柱供电，拨动灯光开关使接线柱"1"与"2"接通，左、右远光灯亮；拨动灯光开关使接线柱"1"与"3"接通，左右近光灯亮；拨动灯光开关使接线柱"1"

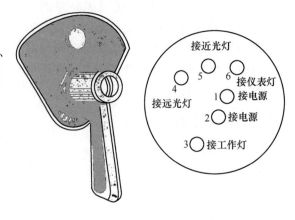

图 5-10　旋转式灯光开关

与"4"接通，工作灯亮；拨动灯光开关使接线柱"1"与"5"接通，仪表灯亮。

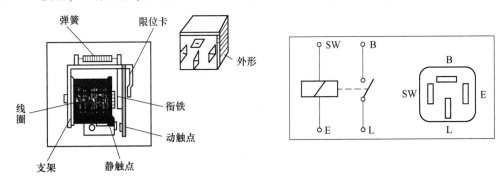

图 5-11　照明灯电源继电器

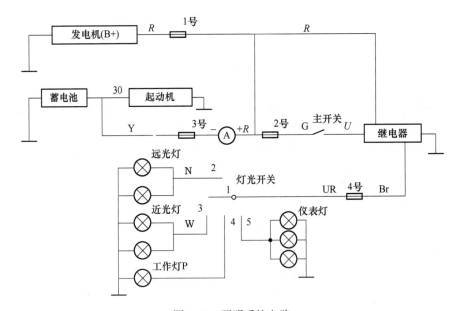

图 5-12　照明系统电路

（四）照明灯都不亮故障诊断与排除

1. 故障现象

以图 5-12 所示照明系统电路为例，在蓄电池或发电机处于正常工作状态下，接通主开关，分别接通远光灯、近光灯、工作灯和仪表灯，发现所有灯都不亮。

2. 故障原因

（1）蓄电池（发电机）至灯光开关之间线路断路。

（2）灯光开关损坏。

（3）灯泡损坏。

3. 故障排除

使用万用表或试灯等检测工具，按照蓄电池（发电机）接线柱→总熔丝→电流表→电源开关→灯光熔丝灯光开关→灯泡的灯系线路顺序进行探查，找出电路断路、短路或搭铁位置。

照明灯都不亮故障的诊断与排除流程如图 5-13 所示。

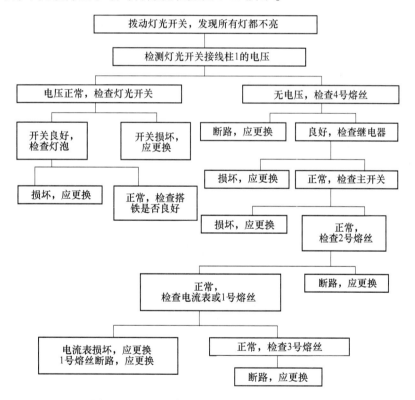

图 5-13　照明灯都不亮故障的诊断与排除流程

第二节　信号系统的检修

信号系统是农业机械电气系统的重要组成部分，信号系统的作用是向他人或其他车辆发出警告和示意的信号。完成本节的学习后，学生应熟悉转向信号装置、制动信号装置、倒车信号装置及喇叭信号装置等农机信号装置的作用、类型、组成、工作原理及电路分析；掌握农机信号系统的检修、检测方法，能对农机信号系统的技术性能进行正确评价；能够对信号系统常见故障进行分析，进而确定故障诊断流程，掌握信号系统的故障诊断方法。

一、转向信号装置

(一) 转向信号装置的作用及组成

农机转向信号装置主要用来指示车辆行驶方向，其灯光信号采用闪烁的方式，用来指示车辆左转或右转，以引起其他车辆和行人的注意，提高车辆的安全性。另外，农机在行驶（作业）中，如遇危险情况，可使前后左右 4 个转向灯同时闪烁，作为危险警告信号，请求其他车辆避让。因此，转向信号灯电路系统按用途有转向和警告之分。

转向信号装置电路主要由电源、转向信号灯、闪光器、转向灯开关等组成，如图 5-14 所示。在主开关接通的情况下，拨动转向灯开关（向左或向右），可接通左/右转向灯电路，使左/右转向灯闪烁；当按下危险报警开关时，将同时接通左右转向灯电路，使左右转向灯同时闪烁。转向信号灯的闪烁是由闪光器控制的，常见的闪光器有电热式、电子式等。

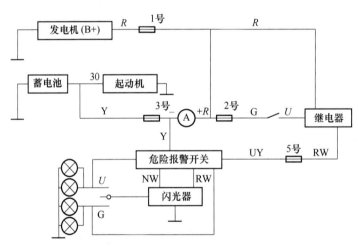

图 5-14　转向信号装置电路

(二) 闪光器的结构与工作原理

1. 电热式闪光器

电热式闪光器，又称热丝式闪光器。

电热式闪光器利用镍铬丝的热胀冷缩特性接通或断开转向灯电路，从而实现转向信号灯及转向指示灯的闪烁。

当转向开关处于断开状态时，活动触点在感温镍铬丝（电加热丝）的拉力作用下处于张开状态，转向灯不通电，灯不亮。

当农机转向时，拨动转向开关向欲转向一侧的瞬间，触点处于张开状态，电流经蓄电池"＋"→点火开关→附加电阻丝→电热丝→上触点臂→支架→转向开关→左（右）转向灯、指示灯→搭铁→蓄电池"－"。由于附加电阻丝和电热丝串联在回路中，使电流较小，故转向灯不亮。

经短时间的通电，电热丝发热膨胀，触点闭合。触点闭合后，电流经蓄电池"＋"→点火开关→接线柱 B→触点 K→电磁线圈→弹簧片→支架→转向开关→左（右）转向灯、指示灯→搭铁→蓄电池"－"。此时，附加电阻丝和电热丝被短路，且线圈中产生的电磁吸力使触点闭合得更紧，电路中电阻小，电流大，转向灯发出较强的光，指示灯点亮。

此时，由于无电流流经电热丝而使其冷却收缩，触点 K 被打开，附加电阻和电热丝重新串入电路，灯光变暗。如此反复，转向灯明暗交替，指示行驶方向。

2. 电子式闪光器

电子式闪光器通常由多谐振荡器、功率放大器和继电器三大部分组成。凡振荡器由晶体管、电容、电阻组成的常称为晶体管闪光器；振荡部分由集成电路 IC 和电阻、电容组成的称为集成电路闪光器。

（1）晶体管闪光器。晶体管闪光器分触点式和无触点式两种。图 5-15 为带继电器触点式晶体管闪光器。当接通电源开关和转向灯开关后，转向灯开关闭合，电流经蓄电池"＋"→电源开关 SWT→线柱 B→电阻 R_1 继电器 K 常闭触点→接线柱 S→转向开关→转向灯及转向指示灯→搭铁→蓄电池负极，转向灯亮。

转向开关闭合，加在晶体管上的电压为正向电压，晶体管导通，电流经晶体管的集电极与发射极、继电器线圈搭铁。继电器线圈通电，常闭触点由闭合状态变为断开状态，转向灯处于暗的状态。

与此同时，蓄电池经电阻、晶体管基

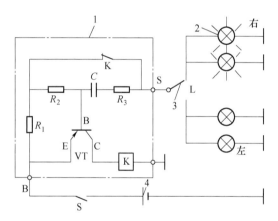

图 5-15　带继电器触点式晶体管闪光器
1—电子式闪光器；2—转向信号灯；
3—转向灯开关；4—蓄电池

极向电容充电。电流流向为蓄电池"＋"→电源开关→接线柱 B→晶体管的发射极→电容器→电阻 R_3→接线柱→转向开关、右转向灯。电容充满电后，晶体管的基极电位升高，则晶体管截止，继电器断电，触点又变为闭合，转向灯重新点亮。

即继电器的触点闭合时，转向灯亮，触点断开时，转向灯熄灭，而触点的闭合与否取决于晶体管的导通状态，电容 C 的充放电使晶体管反复导通和截止，由此使得触点时通、时断，转向灯闪烁发光。

无触点式晶体管闪光器是以晶体管为主体组成的无稳多谐振荡器。其工作原理如图 5-16 所示。由晶体管 VT_1、VT_2，电阻 R_1、R_2、R_3、R_4，电容 C_1、C_2 组成无稳多谐振荡器，晶体管 VT_3 起开关作用。

当农机转向时，只要接通转向灯开关 S，闪光器就会以一定的频率控制转向灯闪光。其闪光频率由 C_1、R_2、C_2、R_3 决定，通常 $C_1 = C_2$，$R_2 = R_3$，闪光频率一般为 $60 \sim 70$ 次/

min，亮灭时间比为 11。

这种闪光器体积小，容易集成，工作稳定，使用寿命长。

（2）集成电路闪光器。集成电路闪光器体积小，外接元器件少，闪光频率稳定，工作可靠性高，通用性强，使用寿命长。图 5-17 为触点式集成电路闪光器，其工作原理可参考触点式晶体管闪光器。

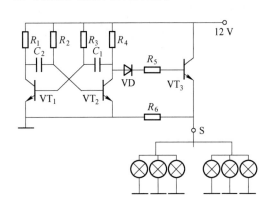

图 5-16　不带继电器无触点式晶体管闪光器

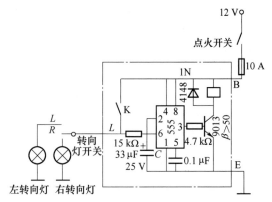

图 5-17　触点式集成电路闪光器

无触点集成电路闪光器和无触点晶体管闪光器一样，即把闪光器中功率输出级的触点式继电器改换成无触点大功率晶体管，同样可以实现对转向灯的开关作用。图 5-18 是无触点集成电路、蜂鸣器电路，它在原闪光器的基础上增加了蜂鸣功能，便构成声光并用的转向信号装置，以引起人们对农机转弯安全性的高度重视。

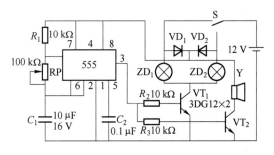

图 5-18　无触点集成电路闪光器

（三）所有转向灯不亮的故障诊断与排除

1. 故障现象

以图 5-14 所示转向信号装置电路为例，在蓄电池或发电机处于正常工作状态下，接通主开关，拨动转向灯开关，转向灯全不亮。

2. 故障原因

（1）转向灯电路熔丝烧断。

（2）闪光器损坏。

（3）转向开关损坏。

（4）转向灯损坏。

3. 故障排除

（1）用万用表检测闪光器电源线接线柱处电压。如无电压，则说明电源线断路或熔丝烧断；如电压为蓄电池电压，说明电源良好。可用导线搭接电源接线柱与闪光器引出接线柱，拨动转向开关，如转向灯亮，则说明闪光器有故障，应磨光触点，调整气隙，必要时更换闪光器。如仍不亮，可用电源短接法，直接引线到转向灯接线柱，如灯亮，则为引出接线柱至转向开关间某处断路或转向开关损坏，查明并予排除即可。

（2）当用导线闪光器电源接线柱和引出接线柱，拨动转向开关时，若出现一边转向信号灯亮，而另一边不但不亮，而且出现强烈火花的现象，则表明不亮的一边转向灯线路某处搭铁，以致烧坏闪光器，必须先排除转向灯搭铁故障，然后换上新闪光器。否则，新闪光器接上后仍会很快烧毁。

（四）部分转向灯不亮的故障诊断与排除

1. 故障现象

以图 5-14 所示转向信号装置电路为例，在蓄电池或发电机处于正常工作状态下，接通主开关，拨动转向灯开关，部分转向灯不亮。

2. 故障原因

（1）转向开关损坏。

（2）转向灯损坏。

（3）线路接触不良。

3. 故障排除

使用万用表检测闪光器引出接线柱至转向灯之间的各个连接点电压，查找断路故障点。如果是转向开关引起的断路，则更换转向开关。如果是线路接触不良引起的断路，则重新连接。如果是转向灯损坏，则更换转向灯。

二、制动信号装置

（一）制动信号装置的作用及组成

制动灯安装在车辆尾部，当其工作时，通知后面车辆该车正在制动，以避免后面车辆与其相撞。

制动信号装置电路由电源、制动灯开关和制动灯组成，其简化电路如图 5-19 所示。在主开关接通的情况下，制动灯开关闭合，接通制动灯电路，使制动灯点亮。

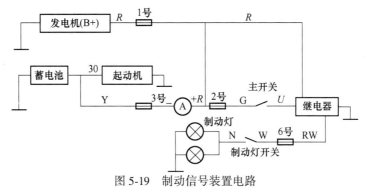

图 5-19　制动信号装置电路

（二）制动灯开关的类型

制动灯由制动灯开关直接控制，电流通常由电源至熔丝，再到制动灯。制动灯开关的形式有液压式、气压式和弹簧式。

1. 液压式制动灯开关

液压式制动灯开关如图 5-20 所示，它安装在液压制动主缸的前端或制动管路中。当踩下制动踏板时，由于制动系统的油压增大，膜片向上弯曲，接触桥同时接通接线柱和接线柱，使制动灯通电发光。松开制动踏板时，制动系统压力降低，接触桥在回位弹簧的作用下复位，制动灯电路被切断。

2. 气压式制动灯开关

气压式制动灯开关如图 5-21 所示，它安装在制动系统的气压管路上。当踩下制动踏板时，由于制动系统的气压增大，制动压缩空气推动橡胶膜片向上弯曲，使触点闭合，接通接线柱和接线柱，使制动灯通电发光。松开制动踏板时，制动系统压力降低，橡胶膜片在回位弹簧的作用下复位，制动灯电路被切断。

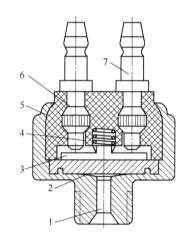

图 5-20　液压式制动灯开关

1—制动液；2—橡胶膜片；3—接触桥；4—回位
弹簧；5—胶木底座；6，7—接线柱

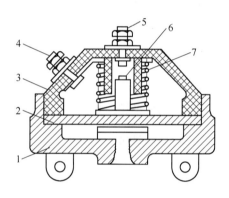

图 5-21　气压式制动灯开关

1—底座；2—橡胶膜片；3—胶木盖；
4，5—接线柱；6—触点；7—回位弹簧

3. 弹簧式制动灯开关

弹簧式制动灯开关是一种常用的制动灯开关，它安装在制动踏板的后面。当踩下制动踏板时，开关闭合，将接线柱接通，使制动灯点亮；当松开制动踏板后，回位弹簧使接触片离开接线柱，制动灯电路断开。

（三）制动灯工作不正常故障诊断与排除

1. 故障现象

以图 5-19 所示制动信号装置电路为例，在蓄电池或发电机处于正常工作状态下，接通主开关，接通制动灯开关，制动灯不亮。

2. 故障原因

（1）熔丝断路。

（2）制动灯开关损坏。

（3）灯泡损坏。

（4）连接线断路或插接件松脱。

3. 故障排除

（1）如果只有一侧制动灯亮，应首先检查不亮侧制动灯灯泡是否损坏，用万用表测量灯座连接线处的电压是否接近蓄电池电压。若均良好，再检查搭铁线接触是否良好，灯泡与灯座接触是否良好。

（2）如果两侧制动灯都不亮，应首先检查熔丝是否断路。若良好，用万用表测量灯座连接线处的电压是否接近蓄电池电压。若电压正常，则短接制动灯开关，此刻若两侧制动灯都亮，说明制动灯开关损坏，应更换；若制动灯仍不亮，则应检查制动灯灯泡是否损坏，连接导线是否断路等。

（3）弹簧式制动灯开关是一种常用的制动灯开关，它安装在制动踏板的后面。当踩下制动踏板时，开关闭合，将接线柱接通，使制动灯点亮；当松开弹簧使触片离开接线柱，制动灯电路断开。

三、倒车信号装置

倒车灯安装于车辆的尾部，给驾驶员提供额外照明，使其能够在夜间倒车时看清农机的后部，也警告后面的车辆，该农机驾驶员想要倒车或正在倒车。

倒车信号系统主要由倒车开关、倒车灯、倒车蜂鸣器等部件组成，如图 5-22 所示。其工作过程是，当变速杆挂入倒挡时，在拨叉轴的作用下，倒挡开关接通倒车报警器和倒车灯电路，倒车灯亮，同时倒车蜂鸣器发出声响信号。

（一）故障现象

以图 5-22 所示倒车信号装置电路为例，在蓄电池或发电机处于正常工作状态下，接通主开关，接通倒车灯开关，倒车灯不亮。

（二）故障原因

（1）熔丝断路。
（2）倒车灯开关损坏。
（3）灯泡损坏。
（4）连接线断路或插接件松脱。

（三）故障排除

（1）如果两侧倒车灯均不亮，首先检查熔丝是否断路。

（2）若熔丝良好，应挂入倒挡，用万用表检测灯座处导线上的电压是否接近蓄电电压。

（3）如果电压正常，应检测倒车灯灯泡是否损坏，搭铁线接触是否良好。如果电压正常为零，则应检测倒车灯开关上游供电线的电压是否正常。

（4）若正常，则短接制动灯开关，此刻若两侧制动灯都亮，说明制动灯开关损坏，应更换；若制动灯仍不亮，则说明连接导线存在断路故障。

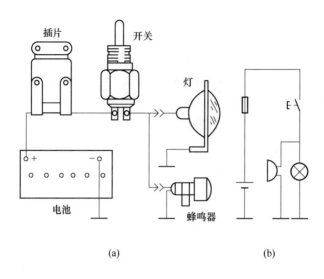

图 5-22　倒车信号装置

（a）示意图；（b）原理图

第三节　仪表报警系统

农机仪表报警系统是车辆运行状况的动态反映，是车辆与驾驶员进行信息交流的界面，为驾驶员提供必要的车辆运行信息，同时也是维修人员发现和排除故障的重要依据。

为了使驾驶员随时掌握车辆的工作状况，并能及时发现和排除潜在的故障，农机上都装配了仪表、报警系统。该系统一般由仪表、报警指示灯以及与之匹配的传感器组成，即机油压力表（指示器）、水温表（指示器）、燃油表、充电指示灯、远光灯指示灯、转向指示灯及发动机转速表等仪表，机油压力传感器、水温传感器、油量传感器、发动机转速传感器等传感器。

仪表报警指示灯布置在驾驶员座位前方的仪表板上。拖拉机仪表板、联合收割机仪表板和插秧机仪表板分别如图 5-23~图 5-25 所示。传感器安装在工作部位。

一、机油压力报警装置

机油压力报警装置用来指示发动机润滑系工作状况与机油压力的大小。

农机车辆发动机上最常用的是电热式机油压力报警装置，又称双金属片式机油压力报警系统，其结构与工作原理如图 5-26 所示。机油压力报警装置由拧装在发动机主油道上或粗滤器壳上的油压传感器和仪表板上的油压指示表两部分组成。

（一）油压指示表

在由薄钢板冲压而成的圆形外壳内，装有特殊形状的双金属片，它的直臂末端固定在调节齿扇上；双金属的另一钩形悬臂上绕有电热线圈，线圈的两头构成指示表的两个接线柱，钩内装着指针，指针的下端与弹簧片钩连，弹簧片的另一端与扇形调节齿连接。

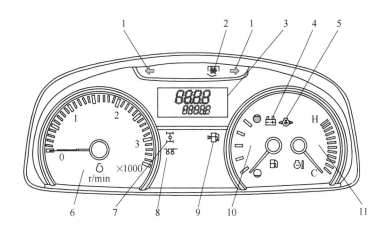

图 5-23 拖拉机仪表板

1—警示/转向信号指示灯；2—动力输出离合器指示器；3—液晶显示器；4—充电指示器；

5—机油压力指示器；6—转速表；7—轮驱动指示器；8—加热器指示器；

9—燃油油位指示器；10—燃油表；11—冷却液温度计

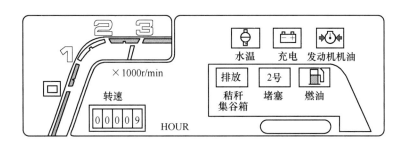

图 5-24 联合收割机仪表板

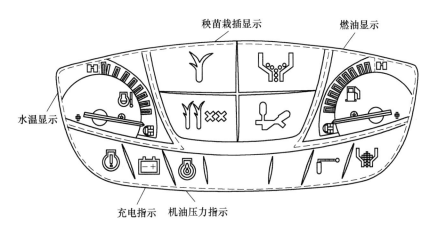

图 5-25 插秧机仪表板

指针的下面有黑色标度盘，用白色标度从左至右注有 0、2、5 的油压指示值。表面为透明玻璃，由外壳与之密闭封装。

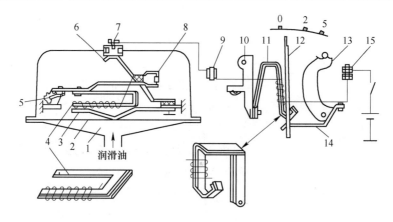

图 5-26　双金属片式机油压力报警装置

1—油腔；2—膜片；3，14—弹簧片；4—双金属片；5—调节齿轮；6—接触片；7，9，15—接线柱；
8—校正电阻；10，13—调节齿扇；11—双金属片；12—指针

（二）机油压力传感器

油压传感器俗称感压盒。总成为一圆形钢壳密封件，顶部中心有一接线螺钉，底部为拧装于主油道上的管接头，底壳呈漏斗形，管接头的上面置一圆形弹性膜片，片下的内腔与发动机主油道相通，膜片的中心顶着弯曲的弹簧片。弹簧片的一端与感压盒固定并搭铁，另一端焊有触点，且经常与上面的双金属片的触点接触，双金属片是用膨胀系数不同的两种金属制成的。双金属片上绕有与其本身绝缘的加热线圈。线圈的一端直接与双金属片的触点相连，另一端经接触片和接线柱与指示表相连。校正电阻与加热线圈并联。

（三）机油压力报警装置工作原理

发动机不工作时，仪表电路不通，指示表靠双金属片保持在"0"位置。

发动机运转，如果润滑油压力增大，传感器油腔内的油压也增大，压迫膜片向上拱曲，使触点的闭合压力增大。

此时电热线圈必须经过较长时间通电后，才能使双金属片得到较大的弯曲，才能将触点分开；触点分开后，又只需较短的时间冷却，触点重又闭合。于是，在触点闭合时间长，断开时间短的不断开闭动作下，由于频率增高，使通过指示表中的脉冲电流平均值增大，电热线圈使双金属片变形大，钩动指针向右偏转，指示出较高的油压值。因此，油压越大，传感器触点开闭频率越高，脉冲电流值平均值越大，双金属片变形也越大，指针偏移角也大，指示出的油压值越高。反之，油压降低，传感器触点开闭频率变低，脉冲电流平均值减小，双金属片变形小，指针偏移角小，指示的油压值低。这种油压表主要靠脉冲电流大小的变化，达到相应指示油压值的目的，所以又可称为电热脉冲式油压表。

（四）机油压力表无指示故障的诊断与排除

1. 故障现象

以图 5-26 所示双金属片式机油压力报警装置为例，当发动机处于各种转速时，机油压力表均无压力指示。

2. 故障原因

（1）机油压力表电源线断路。

（2）机油压力表内加热线圈烧毁或断路。

（3）机油压力传感器加热线圈烧坏或触点接触不良。

（4）发动机润滑系有故障。

3. 故障排除

如图 5-26 所示，接通电源开关，用万用表测量机油压力表电源线电压，如果有电压，则拆下机油压力传感器一端导线，搭铁试验。如果机油压力表指针从 0 向 5 kgf/cm² （500 kPa）压力方向移动，说明机油压力表良好。

在确定机油压力表良好后，可拆下传感器并装回拆下的导线，用一根适当的棍棒，塞进传感器孔内，顶压膜片试验。如果机油压力表走动，则说明传感器良好，发动机润滑系有故障。反之，为传感器有故障。

再进行传感器一端导线搭铁试验，指针仍不移动，可在机油压力表电源接线柱和引出线接线柱分别搭铁试验，用来断定故障在表内还是在导线，根据诊断结果进行更换维修。

故障排除步骤如图 5-27 所示。

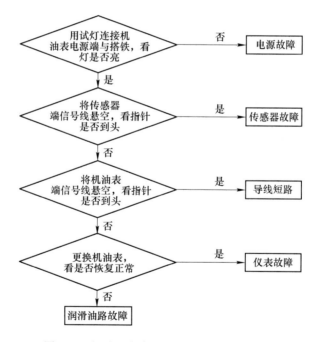

图 5-27 机油压力表无指示故障的诊断与排除

（五）机油压力表指示错误故障的诊断与排除

1. 故障现象

以双金属片式机油压力报警装置为例，接通电源开关后，发动机尚未发动，机油压力表指针即开始移动。

2. 故障原因

（1）机油压力表至传感器导线某处搭铁。

（2）机油压力传感器内部搭铁短路。

3. 故障排除

遇此现象，应立即关闭电源开关，以免大电流通过压力表而烧毁仪表。检查时，先拆下传感器一端导线，再接通电源开关试验，如果表针不再移向 5 kgf/cm² （500 kPa） 处，则应检查压力表至传感器之间导线的搭铁处，根据诊断结果进行修理。故障排除步骤如图 5-28 所示。

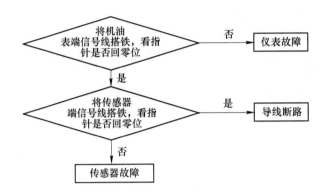

图 5-28　机油压力表指示错误故障的诊断与排除

二、冷却液温度报警装置

水温报警装置用来指示发动机冷却水工作温度。它由装在发动机气缸体水套上的温度传感器及仪表板上的温度指示表两部分组成，其结构形式有电热式和电磁式两种。

（一）电热式水温报警装置（双金属片式传感器）

电热式水温报警装置（双金属片式传感器），它的传感器和指示表均为双金属电热式，如图 5-29 所示。

电热式温度指示表的结构与电热式机油压力表相同，仅其标度盘上的温度值是从右至左逐渐增大，分别标有 40、80、100，单位为摄氏度（℃）。

工作原理：当电路接通时，电流经蓄电池" ＋ "→点火开关→接线柱→温度表加热线圈→接线柱→传感器加热线圈→触点→搭铁→蓄电池负极。

水温不高时，双金属片经加热线圈加热变形，使触点分离。触点打开后，由于四周温度低散热快，双金属片迅速冷却又使触点闭合。于是触点在闭合时间长而断开时间短的高频开闭下，使流过指示表电热线圈中的脉冲电流平均值增大，双金属片变形大，带动指针向右偏转，指示水温低。

当水温升高时，则传感器铜壳与双金属片周围温度高，触点闭合时间短而断开时间长，开闭频率变低，流过指示表电热线圈的脉冲电流平均值小，双金属片变形少，指针向右偏角小而指出高温标度。

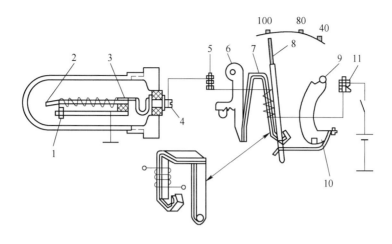

图 5-29　电热式水温报警装置

1—可调触点；2—传感器双金属片；3—导电片；4—接线柱螺钉；5，11—指示表接线柱；
6，9—调节齿扇；7—指示表双金属片；8—指针；10—弹簧片

(二) 电热式水温报警装置（热敏电阻式传感器）

电热式水温报警装置（热敏电阻式传感器）采用负温度系数热敏电阻作为传感器。热敏电阻的特性是，当冷却液温度较低时，其阻值较大，而冷却液温度升高时，其电阻值会逐渐减小，如图 5-30 所示。

工作原理：当点火开关置 ON 时，电流从蓄电池正极→点火开关→电源稳压器→温度表双金属片的加热线圈→传感器接线柱→热敏电阻→传感器外壳→搭铁→蓄电池负极。

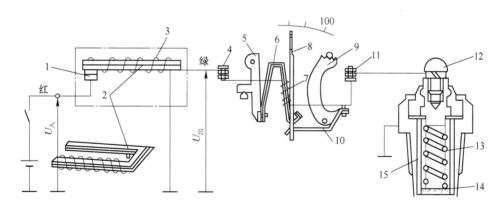

图 5-30　电热式水温报警装置（热敏电阻式传感器）

1—触点；2—双金属片；3—加热线圈；4，11，12—接线柱；5，9—调节齿扇；6，7—指示表双金属片；
8—指针；10，13—弹簧；14—热敏电阻；15—外壳

当发动机冷却液温度较低时，传感器的热敏电阻阻值大，电路中电流的平均值小，温度表的双金属片弯曲变形小，指针指向低温。反之，当冷却液温度升高时，热敏电阻阻值小，电路中电流的平均值大，温度表的双金属片弯曲变形大，指针指向高温。

（三）电磁式水温报警装置

电磁式水温报警装置一般配用热敏电阻水温传感器，如图 5-31 所示。电磁式水温报警装置内固装有互成一定角度的两个铁心，铁心上分别绕有电磁线圈，其中电磁线圈 L_2 与传感器串联，电磁线圈 L_1 与传感器并联。两个铁心的下端设置带指针的偏转衔铁。

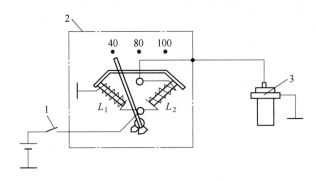

图 5-31　电磁式水温报警装置
1—点火开关；2—冷却液温度表；3—冷却液温度传感器

工作原理：当点火开关置 ON 时，左右两线圈通电，各形成一个磁场，同时作用于衔铁转子，转子便在合成磁场的作用下转动，使指针指在某一刻度上。当冷却液温度降低时，传感器热敏电阻阻值增大，线圈 L_2 中电流变小，而线圈 L_1 中电流变大，合成磁场逆时针转动，使指针指在低温处；反之，当冷却液温度升高时，传感器热敏电阻阻值减小，线圈 L_2 中电流增大，而线圈 L_1 中电流变小，合成磁场顺时针转动，使指针指在高温处。

（四）水温表指针始终指向低温处故障的诊断与排除

1. 故障现象

以电磁式水温报警装置为例，接通电源开关后，水温表指针指在 40 ℃ 处不动，水温变化时，指针仍不移动。

2. 故障原因

（1）冷却液温度表电源线断路。

（2）冷却液温度表故障。

（3）传感器故障。

（4）温度表至传感器的导线断路。

3. 故障排除

如图 5-31 所示，按照图 5-32 所示步骤排除故障。

（五）水温表指针指向高温处故障的诊断与排除

1. 故障现象

以图 5-31 所示电磁式水温报警装置为例，接通电源开关，水温表指针移向 100 ℃ 处。

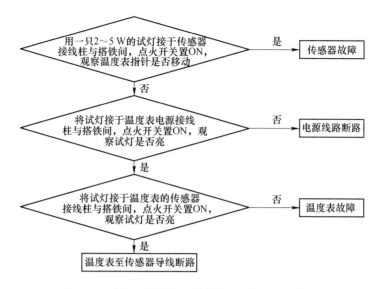

图 5-32 水温表指针指向低温处故障的诊断与排除

2. 故障原因

（1）温度表至传感器导线搭铁。

（2）传感器内部搭铁。

3. 故障排除

如图 5-31 所示，按照图 5-33 所示步骤排除故障。

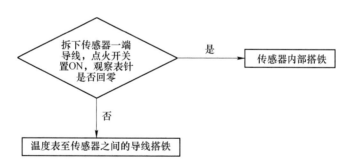

图 5-33 水温表指针指向高温处故障的诊断与排除

三、燃油量报警装置

燃油量报警装置的用途是指示农机油箱中的存油量。由装在油箱中的油量传感器和仪表盘上的燃油指示表两部分组成。燃油指示表有电磁式和电热式两种。传感器均使用可变电阻式。

（一）电磁式燃油量报警装置

电磁式燃油量报警装置由电磁式燃油表与可变电阻式传感器组成，结构如图 5-34 所示。电磁式燃油表中的左线圈 1 串联在电源与传感器之间、右线圈 2 与传感器并联。传感器由电阻、滑片、浮子组成。

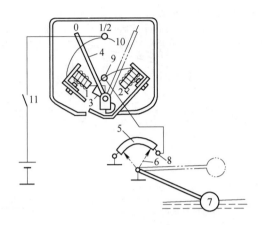

图 5-34　电磁式燃油量报警装置

1—左线圈；2—右线圈；3—转子；4—指针；5—可变电阻；6—滑片；
7—浮子；8—传感器接线柱；9，10—接线柱；11—开关

工作原理：当点火开关置 ON 时，电流由蓄电池正极→点火开关 11→燃油表接线柱 10→左线圈 1→接线柱 9→右线圈 2→搭铁→蓄电池负极。

同时电流由接线柱 9→传感器接线柱 8→可变电阻 5→滑片 6→搭铁→蓄电池负极。

左线圈 1 和右线圈 2 形成合成磁场，转子 3 就在合成磁场的作用下转动，使指针指在某一刻度上。

当油箱无油时，浮子 7 下沉，可变电阻 5 上的滑片 6 移至最右端，可变电阻 5 被短路，右线圈 2 也被短路，左线圈 1 的电流达最大值，产生的电磁吸力最强，吸引转子 3，使指针停在最左面的 "0" 位上。

随着油箱中油量的增加，浮子上浮，带动滑片 6 沿可变电阻滑动。可变电阻 5 部分接入电路，左线圈 1 电流相应减小，而右线圈 2 中电流增大。转子 3 在合成磁场的作用下向右偏转，带动指针指示油箱中的燃油量。如果油箱半满，指针指在 "1/2" 位；当油箱全满时，指针指在 "1" 位。

（二）电热式燃油量报警装置

电热式燃油量报警装置的基本结构和工作原理与电热式机油压力表相同，仪表盘刻度不同。电热式燃油报警系统由电磁式燃油表、可变电阻式传感器和稳压器组成，结构如图 5-35 所示。

工作原理：当油箱无油时，浮子下沉，滑片 6 处于可变电阻 5 的最右端，传感器的电阻全部串大电路中，此时电路中电流最小，燃油表加热线圈 2 发热量小，双金属片 3 变形小，带动指针 4 指在 "0" 位。

当油箱内油量增加时，浮子上升，滑片向左移动，串入电路中的电阻减小，电路中的电流增大。燃油表加热线圈 2 发热量大，双金属片 3 变形增大，带动指针 4 向右偏转。当油箱充满时，滑片移至最左端，将可变电阻短路，此时电路中电流最大，指针偏到最右边，指在 "1" 处。

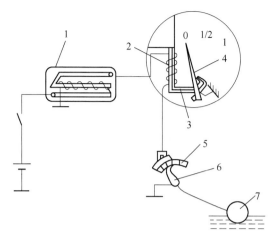

图 5-35　电热式燃油表与可变电阻式燃油量传感器

1—稳压器；2—加热线圈；3—双金属片；4—指针；5—可变电阻；6—滑片；7—浮子

（三）油量表指针定格在满量处故障的诊断与排除

1. 故障现象

以图 5-34 所示燃油量报警装置为例，接通电源开关，不论邮箱中存油多少，油量表指针指向"1"（满油）。

2. 故障原因

（1）油量表至传感器导线断路。

（2）传感器电阻线圈断路。

3. 故障排除

如图 5-34 所示，接通电源开关，拆下与油量表传感器接线柱相连的导线并进行搭铁试验，如指针回到零位，说明传感器内部断路，应予以更换；如试验仍不回到"0"位，可将油量表引出线接线柱进行搭铁试验，如指针回到零位，说明油量表至传感器导线断路，查明后应予以排除。故障排除步骤如图 5-36 所示。

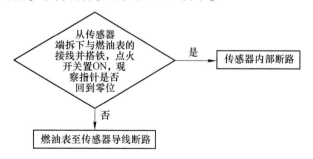

图 5-36　油量表指针定格在满量处故障的诊断与排除

（四）油量表指针定格在无油处故障的诊断与排除

1. 故障现象

以图 5-34（或图 5-35）所示燃油量报警装置为例，不论油箱中油料多少，接通电源开关，油量表指针总是指在"0"的位置。

2. 故障原因

（1）油量表电源线断路。

（2）浮子损坏。

（3）传感器内部短路搭铁。

3. 故障排除

根据图 5-34 所示，用万用表测量油量表电源接线柱电压，若无电压，说明电源线有断路；若有电压，说明电源线良好，可拆下传感器上的导线，如指针指向"1"，说明传感器内部有搭铁处。

检查浮子损坏情况，若浮子不能随油面升高而浮起，油量表总是指向"0"，应修复浮子或直接更换。故障排除步骤如图 5-37 所示。

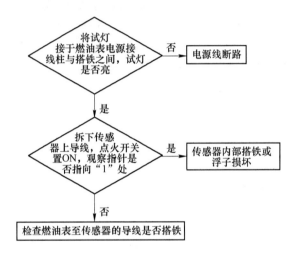

图 5-37　油量表指针定格在无油处故障的诊断与排除

四、充电指示装置

（一）电流表的功用

电流表用来指示蓄电池充电或放电电流的大小，它串接在充电电路中，电流表的正极接发电机的正极，电流表的负极接蓄电池的正极。当电流表的指针指向"+"侧时，表示蓄电池充电；当电流表的指针指向"-"侧时，表示蓄电池放电。目前，有些农机上已取消了电流表而用充电指示灯代替。

（二）电磁式电流表的结构与工作原理

1. 结构

电磁式电流表的结构及工作原理如图 5-38 所示。电流表内的黄铜片（相当于单匝线圈）固定在绝缘底板上，两端与接线柱 1、3 相连，黄铜片的下面装有永久磁铁 6。磁铁内侧的轴 7 上装有带指针的衔铁转子 5。

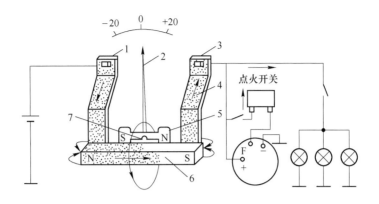

图 5-38　电磁式电流表的结构与工作原理

1，3—接线柱；2—指针；4—黄铜片；5—衔铁转子；6—永久磁铁；7—轴

2. 工作原理

当电流表没有电流通过时，衔铁转子被永久磁铁磁化而相互吸引，使指针停在中间"0"的位置。当蓄电池放电时，充电电流通过黄铜片，在黄铜片周围产生磁场，与永久磁场合成一个磁场。在合成磁场作用下，衔铁转子向"＋"方向偏转一个角度，即旋转到合成磁场的方向上。充电电流越大，偏转角度越大，电流表的读数越大。若放电电流通过黄铜片时，则电流表的指针随之反向偏转，指示蓄电池放电电流的大小。

五、发动机转速指示装置

发动机转速指示系统的用途是指示农机发动机转速。它由装在发动机上转速传感器和仪表盘上的转速指示表两部分组成。发动机转速指示系统有机械式和电子式两种。

（一）机械式转速指示装置

机械式转速指示装置主要由软轴和电磁式仪表两部分组成，如图 5-39 所示。发动机工作时，软轴将发动机的转速传递给电磁式仪表接头，带动主轴和永久磁铁旋转，永久磁铁磁力线切割感应罩，在感应罩中产生感应电流，沿感应罩旋转流动，形成涡流。感应涡流在永久磁铁磁场的作用下产生电磁力，使感应罩和转速表指针一起顺时针方向转动。

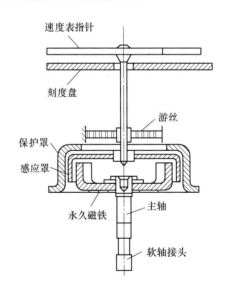

图 5-39　机械式转速指示系统

当与游丝的弹力平衡时，指针便停留在刻度盘上的某个位置，指示出相应的发动机转速。发动机转速越高，感应罩内涡流越大，受到的磁场力越大，指针旋转的角度越大，指示的转速越高。

（二）电子式转速指示装置

1. 电子式转速表

电子式转速表如图 5-40 所示，电子式转速表主要由固定不动的永久磁铁和可以转动的线圈两部分组成。永久磁铁由磁钢、极环和极板组成，与仪表壳体支架连在一起。磁钢的上、下两端分别装有极环和极板，它们之间的空间形成磁路气隙。

发动机工作时，电子电路中产生的直流电由转速表 a 端（+）进入，b 端（-）流出，形成通路。电流的方向是：a→右导流片→下游丝线圈右里接头→线圈左外接头→骨架→指针轴→上游丝→左导流片→b 端（-）。

由此可见，当直流电通过装套在极环臂上的线圈时，处于磁路气隙中的下部分线圈中的电流 I 的流动方向是从里向外，即线圈中的电流按图示方向由下向上流动。电流 I 和磁钢的磁场相互作用力 F 使线圈沿极环的环形臂作顺

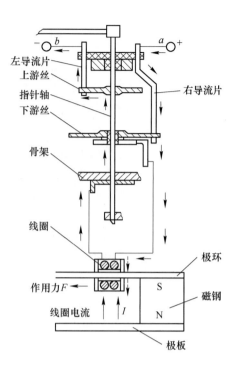

图 5-40　电子式转速表

时针方向转动（根据楞次左手定则），从而带动骨架和指针轴作同向转动。当磁电作用的感应力矩与游丝相平衡时，指针便停留在刻度盘上的某个位置，指示出相应的发动机转速。发动机转速越高，流入线圈中的平均电流值越大，下部分线圈产生的磁场作用力 F 越大，指针旋转的角度越大，指示的转速越高。

2. 电子驱动电路工作原理

电子转速表的电子驱动电路形式按驱动电路的触发信号分，有磁电机交流输出脉冲信号驱动式和点火脉冲信号驱动式。

（1）脉冲信号驱动式。

如图 5-41 所示，驱动电路中 A、B 端分别接磁电机充电线圈交流输出端，R_1 是限流电阻；VS 为稳压二极管，用于限压削波使交流电正半周波形接近矩形；电位器 RP、电阻 R_2 与转速表并联，用于校准转速表的指示精度；C_1、C_2、C_3 是 3 个无极性电容器，用作频率转换。若发动机转速增高，频率随之增大，通过 3 个电容器的交流分量与频率成正比增加，再经 4 个二极 $VD_1 \sim VD_4$ 整流后变成直流电，从而使转速表内可动线圈获得的平均电流值增大，指针偏转的角度增大，指示出相应的发动机转速。

其具体工作情况是：交流电正半周时（设 A 为正，B 为负），电流方向为：$A \rightarrow R_1 \rightarrow C_1 \rightarrow C_2$、$C_3 \rightarrow VD_1 \rightarrow a \rightarrow b \rightarrow VD_4 \rightarrow B$。

交流电负半周时，电流方向为：$B \rightarrow VD_2 \rightarrow a \rightarrow b \rightarrow VD_3 \rightarrow C_1$、$C_3 \rightarrow R_1 \rightarrow A$。

即无论交流电是处于正半周还是负半周，转速表中均有同一方向电流带动指针偏转，并且，流过转速表的电流只与 A、B 端频率成正比，因此，该电路能正确指示发动机的转速。

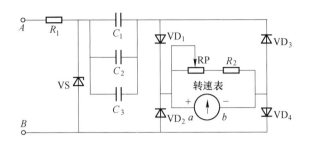

图 5-41　脉冲信号电子驱动器

（2）点火脉冲信号驱动式。

如图 5-42 所示，该电路的转速触发信号来自点火脉冲信号。当发动机工作时，发动机曲轴每旋转 1 周，点火线圈一次侧就产生 1 个脉冲信号，经积分电路 R_1、R_2、C_1 整形送到晶体管 VT_1 从而获得具有一定幅度的电流值和脉冲宽度（时间）的矩形波电流，驱动转速表。

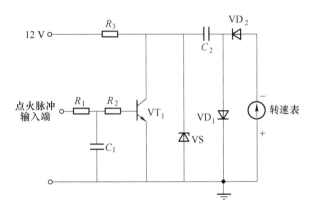

图 5-42　点火脉冲信号式电子驱动器

当点火线圈一次侧通电时，即无点火脉冲信号输入时，晶体管 VT_1 的基极无偏压而处于截止状态，电容 C_2 被充电，充电电路为：12 V → R_3 → C_2 → VD_1 → 地构成回路。

当点火线圈一次侧断电时，亦即有点火脉冲信号输入时，晶体管 VT_1 的基极电位接近 12 V，得到正电位而导通。此时，C_2 通过导通的 VT_1 放电，放电回路为：电容器 C_2 正极（+）→VT_1 集电极→VT_1 发射极→表头（+）→表头（−）→VD_2→电容器 C_2 负极（−）构成回路，从而驱动转速表指针偏转一定角度。如此反复，使转速表显示出电流的平均值。

（3）集成电路式。

集成电路式电子驱动电路，其信号处理核心是采用时基电路 555（或 BCSZ15、CCS225 等）集成块。电路的触发信号也是取自点火脉冲信号。

电路中的电位器 RP1 用于调整比较电压，使 555 集成块输入门限电压设置在可避免误触发的电压上；稳压管 VS 以及电阻 R_6 用来防止电压波动，起稳定电路工作电压之用；电阻 R_4、电位器 RP2 和电容 C_2，用于决定单极性正脉冲的脉宽，亦即转换成正比于发动机转速的电压，将其在已校准过的刻度盘上指示出来，即能反映出发动机转速的大小。

　　该驱动电路通过电阻 R_2 和 R_3，在 555 集成块的 8 脚上设置了约有 4 V 的电压（即电源电压的 1/3），如果此电压减少到低于 2.7 V，555 集成块即被触发导通，此情况恰恰发生在点火脉冲输入端有点火信号输入的瞬时，于是 555 集成块的输出端 3 脚输出高电位，通过电阻足给转速表提供电流，指示出发动机相应的转速。其驱动回路为：$12\ \text{V} \rightarrow R_6 \rightarrow$ 555 脚 8 $\rightarrow$ 555 脚 3 $\rightarrow R_5 \rightarrow$ 表头(+) $\rightarrow$ 表头(−) $\rightarrow$ 地构成回路。

（三）转速表指针不动或抖动故障的诊断与排除

1. 故障现象

发动机正常运转，转速表指针不动。

2. 故障原因

（1）仪表故障。

（2）软轴故障。

（3）线路故障。

3. 故障排除

对于机械式转速指示系统，转速表指针不动或抖动故障，应首先检查软轴是否完好，如果软轴存在断裂现象，则更换软轴。如果软轴完好，则故障存在于转速表，根据实际情况给予处理。

对于电子式转速指示系统，转速表指针不动或抖动故障，根据表 5-1 进行维修。

表 5-1　电子式转速指示系统转速表指针不动或抖动故障修理

故障现象	故障原因	故障排除
发电机运转，转速表不工作	（1）插接头松动，接触不良	连接牢固
	（2）连接导线内部接触不良	更换导线
	（3）磁电机交流输出绕组损坏	修理磁电机
	（4）印制电路板损坏	更换
	（5）转速表损坏	更换
	（6）可动线圈短路、短路、脱焊或接触不良	更换
	（7）永久磁铁无磁	充磁、更换
	（8）游丝折断或弹性不足	更换
指针抖动、不准	（1）指针轴磨损或折断	更换
	（2）指针轴轴向间隙过大	调整
	（3）下轴承磨损	更换
	（4）轴承损坏	更换
	（5）阻尼油不足	添加
	（6）游丝失效	更换、调整
	（7）可动线圈运动受阻	检修
	（8）驱动频率失准	校准

第六章 常见农用机械维修

第一节 耕整地机械维修

耕整地是农业生产中的一个基本环节，科学地使用耕整地机械，不仅能提高效率，而且可为播种、收获等作业的机械化打下良好的基础。耕整地机械包括耕地机械和整地机械。前者用来耕翻土地，主要作业机具有铧式犁、圆盘犁等；后者用来碎土、平整土地或进行松土除草，主要作业机具有钉齿耙、圆盘耙、平地拖板、网状耙、镇压器等。为了提高作业效率，近年来复式作业和联合作业机具发展很快，应用较广的机具有旋耕机、耕耙犁等。本章以应用比较广泛的铧式犁、圆盘耙和旋耕机为例进行介绍。

一、铧式犁常见故障与排除

（一）入土困难

（1）故障描述。犁铧在耕地时难以切入土壤，或者切入土壤的深度过浅。
（2）排除方法：
1）检查犁铧的刃部，如果发现磨损严重或铧尖部分上翘变形，应及时更换新的犁铧或进行修复，磨损的犁铧会增大入土阻力，影响耕地效果；
2）确保犁架和犁铧的安装位置正确，没有偏差。

（二）土质干硬

（1）故障描述。在干硬的土壤中，铧式犁难以切入。
（2）排除方法：
1）适当增加犁的入土角，使犁铧更容易切入土壤；
2）增大入土力矩，可以通过在犁架尾部增加配重来实现，这样可以增大犁的切入力；
3）在耕地前，如果条件允许，可以对土壤进行适当的湿润处理，降低土壤的硬度。

（三）犁架前高后低或横拉杆偏低或拖把偏高

（1）故障描述。犁架的位置不当，导致犁铧的入土角度和深度不合适。
（2）排除方法：
1）调整上拉杆的长度，使其变短，这样可以降低犁架前部的高度，增加后部的高度，使犁架保持水平；
2）提高牵引犁的横拉杆位置，这样可以调整犁的入土角度；

3）降低拖拉机的拖把位置，使犁架保持平衡。

（四）犁垂直间隙小

（1）故障描述。犁与土壤之间的垂直间隙过小，导致耕地时阻力增大。

（2）排除方法

1）检查并更换犁侧板，确保其与土壤之间的间隙合适；

2）检查犁壁的状态，如果发现有变形或磨损，应及时修复或更换。

（五）悬挂机组上拉杆过长

（1）故障描述。悬挂机组的上拉杆过长，导致犁架在耕地时不能保持水平。

（2）排除方法。缩短上拉杆的长度，使犁架在规定的耕深下能够保持水平状态。这样可以确保犁铧的入土深度和角度都达到最佳状态。

（六）拖拉机下拉杆限位链拉得过紧

（1）故障描述。拖拉机的下拉杆限位链过紧，限制了犁架的灵活调整。

（2）排除方法。适当放松下拉杆限位链，使其保持适当的松弛度。这样可以确保犁架在耕地时能够灵活调整，适应不同的土壤条件和耕地需求。

在进行故障排除时，建议逐步排查可能的原因，并根据实际情况采取相应的排除方法。同时，定期对铧式犁进行保养和维护，可以延长其使用寿命，提高耕地效率。

二、圆盘犁常见故障与排除

（一）圆盘耙工作时耙片不入土或耙深不够

1. 故障原因

（1）耙组的偏角调节太小：偏角是指耙片与地面之间的夹角。如果夹角过小，耙片将难以切入土壤，从而导致耙深不够。

（2）附加重物不够：圆盘耙的入土深度有时需要借助附加的重物来增加耙片的下压力，如果重物不足，耙片同样可能无法达到预期深度。

（3）耙片磨损或耙片间堵塞：长期使用后，耙片可能会磨损，边缘变得不锋利，导致入土困难。同时，如果耙片间有杂草、石块等堵塞物，也会影响其正常工作。

（4）拖拉机或连接器上的连接点位置偏高：连接点位置的高低直接影响耙片的入土角度和深度。如果连接点位置偏高，耙片则无法有效切入土壤。

2. 排除方法

（1）适当调大偏角：根据土壤情况和作业需求，适当增大耙片的偏角，使其能更好地切入土壤。

（2）增加重物：在耙片后侧增加适当重量的重物，增加耙片的下压力，从而使其达到预期的耙深。

（3）重新磨刃或更换，清除堵塞物：定期对耙片进行磨刃，保持其锋利度；同时，定期检查并清除耙片间的堵塞物。

（4）调低拖拉机或连接器上的连接点位置：根据实际需要，调整拖拉机或连接器上的连接点位置，使耙片能更好地切入土壤。

（二）耙盘间的堵塞

1. 故障原因

（1）土壤太黏太湿：在黏湿土壤中作业时，土壤容易附着在耙盘上，导致耙盘间堵塞。

（2）杂草太多使制泥板不起作用：如果作业区域杂草过多，杂草可能会缠绕在制泥板上，使其失去刮泥功能，从而导致耙盘堵塞。

（3）耙组偏角太大：偏角过大时，耙片可能将过多的土壤带入耙盘间，增加堵塞的风险。

（4）机器前进速度太慢：前进速度过慢时，耙盘与土壤的接触时间增长，土壤更容易在耙盘间堆积。

2. 排除方法

（1）选择水分适宜时耙地：尽量避免在土壤过于黏湿时进行作业，选择土壤湿度适中的时段进行耙地。

（2）调节刮泥板的位置：根据杂草情况和作业需求，调整刮泥板的位置和角度，确保其能有效刮除附着在耙盘上的土壤和杂草。

（3）调小偏角：适当减小耙组的偏角，减少带入耙盘间的土壤量。

（4）加快机器前进速度：在保证作业质量的前提下，适当提高机器的前进速度，减少土壤在耙盘间的堆积时间。

（三）耙后地面不平

1. 故障原因

（1）前后耙组偏角不一致：如果前后耙组的偏角设置不同，那么在耙地时，不同位置的耙片切入土壤的深度和角度会存在差异，从而导致地面不平。

（2）负重不一致：耙地机的不同部分如果负重不均衡，可能会导致某些部分的耙片工作不正常，进而造成地面不平。

（3）耙架纵向不平：即前后部分存在高度差，那么在工作时，耙片的工作状态就会受到影响，从而导致地面不平。

（4）耙组偏转造成耙组偏角不一致：由于某些原因，耙组可能发生偏转，使得各耙组的偏角不一致，这也会影响到耙地的效果，导致地面不平。

（5）个别耙组不转动或堵塞：如果有个别耙组因为某些原因（如杂草、石块等堵塞）无法正常转动，那么这部分的耙地效果就会受到影响，进而造成地面不平。

2. 排除方法

（1）调整偏角：根据作业需求和土壤情况，对前后耙组的偏角进行精细调整，确保它们一致，以达到最佳的耙地效果。

（2）调整附加重物：根据耙地机的实际情况，对附加重物进行适当调整，确保各部分的负重均衡，以保证耙片工作的稳定性。

（3）调整牵引点高低：通过调整牵引点的高低，可以改变耙架的纵向平衡，从而消除因耙架不平导致的地面不平问题。

（4）调整纵拉杆在横拉杆上的位置：根据实际情况，对纵拉杆在横拉杆上的位置进行微调，以优化耙组的工作状态，确保地面平整。

（5）清除污源和堵塞物：定期检查并清除耙组上的杂草、石块等污源和堵塞物，确保耙组能够正常转动和工作。

（四）耙片脱落

1. 故障原因

方轴螺母松脱。耙片是通过方轴螺母固定在耙架上的，如果方轴螺母松动或脱落，那么耙片就可能从耙架上脱落。

2. 排除方法

重新拧紧或换修。当发现耙片脱落时，应首先检查方轴螺母是否松动或脱落。如果是松动，可以重新拧紧；如果是脱落或损坏，则需要更换新的方轴螺母，并确保其牢固地固定在耙架上。同时，为了防止类似问题再次发生，应定期检查方轴螺母的紧固情况，并进行必要的维护。

三、旋耕机常见故障及排除

旋耕机，作为一种动力驱动的旋转式耕作机具，具有广泛的应用领域。它以强大的切土、碎土能力，在水田、菜园、黏重土壤以及季节性浅耕灭茬等方面展现出卓越的性能。在播种作业中，旋耕机被广泛使用，其工作后的地表平整且松软，但需要注意的是，其覆盖质量有时可能不尽如人意。

在我国南方，旋耕机尤其受到青睐。在秋季，它常被用于稻田种麦的作业，为水稻插秧前的水耕水耙提供了极大的便利。这种机械对土壤湿度的适应范围相当广，只要拖拉机能进入的水田，旋耕机都能有效地进行耕作。

而在我国北方，旋耕机同样发挥着不可或缺的作用。它大量用于铲茬还田、破碎土壤的作业，极大地提高了农业生产效率。此外，旋耕机还适用于盐碱地的浅层耕作，以及荒地灭茬除草、牧场草地浅耕再生等多样化作业。

1. 旋耕机负荷过大

排除方法如下。

（1）旋耕深度过大：如果旋耕深度设置得过大，旋耕机会承受更大的阻力，导致负荷增加。此时，应适当减少耕深，根据土壤条件和作物需求，调整旋耕深度到合适的范围，以减轻旋耕机的负荷。

（2）土壤黏重或过硬：当土壤黏重或过硬时，旋耕机在耕作过程中会遇到更大的阻力。为了解决这个问题，可以降低机组的前进速度和刀轴转速，以减少旋耕机在土壤中的摩擦和阻力。此外，还可以尝试将轴两侧的刀片从向外安装调整为向内安装，这样可以减少耕幅，降低旋耕机的负荷。

2. 旋耕机后间断抛出大土块

排除方法如下。

（1）刀片弯曲变形：刀片在使用过程中可能会因为撞击硬物或长期受力不均而弯曲变形。此时，需要检查刀片的状态，如果发现有弯曲变形的情况，应及时进行校正或更换新的刀片，以确保旋耕机的正常工作。

（2）刀片断裂：刀片断裂也是导致旋耕机后部抛出大土块的原因之一。如果刀片出现断裂，需要及时更换新的刀片，以避免影响旋耕效果和作业效率。

3. 旋耕机在工作时有跳动

排除方法如下。

（1）土壤坚硬：当土壤过于坚硬时，旋耕机在耕作过程中可能会遇到较大的阻力，导致跳动。此时，应降低机组的前进速度和刀轴转速，以减少旋耕机在土壤中的冲击和震动。

（2）刀片安装不正确：刀片安装不当也是导致跳动的一个常见原因。需要仔细检查刀片的安装情况，确保刀片按照规定的方向和角度进行安装，避免安装错误导致的跳动问题。

（3）万向节安装不正确：万向节是连接旋耕机与机组的重要部件，如果安装不正确，也会导致跳动现象。在出现跳动问题时，应检查万向节的安装情况，确保其连接稳固、角度正确，并重新安装以消除跳动现象。

4. 旋耕后地面起伏不平

排除方法如下。

（1）旋耕机未调平：如果旋耕机在作业前未进行调平，可能导致地面起伏不平。此时，需要重新对旋耕机进行调平，确保其处于水平状态，再进行作业。

（2）平土拖板位置安装不正确：平土拖板的位置安装不正确也会影响地面的平整度。应检查平土拖板的位置，重新安装并调平，确保其在作业过程中能够正确平整地面。

（3）机组前进速度与刀轴转速配合不当：机组前进速度与刀轴转速的匹配对地面平整度有重要影响。如果两者配合不当，会导致地面起伏不平。此时，应调整机组的前进速度或刀轴转速，使其达到合适的匹配状态，以改善地面平整度。

5. 齿轮箱内有杂音

排除方法如下。

（1）安装时有异物掉落：在安装过程中，如果齿轮箱内不慎掉入异物，会导致齿轮运转时产生杂音。此时，应停机检查并取出齿轮箱内的异物，确保齿轮正常运转。

（2）圆锥齿轮箱侧间隙过大：圆锥齿轮箱侧间隙过大也会导致齿轮运转时产生杂音。此时，需要重新调整侧间隙，确保齿轮之间的间隙合适，减少杂音的产生。

（3）轴承损坏：如果轴承损坏，会直接影响齿轮的运转，并产生杂音。在这种情况下，应更换新的轴承，以恢复齿轮箱的正常运转。

（4）齿轮箱齿轮牙齿折断：齿轮牙齿折断是齿轮箱产生杂音的常见原因之一。此时，需要对折断的齿轮牙齿进行修复或更换，以确保齿轮箱的正常运转。

6. 旋耕机工作时有金属敲击声

排除方法如下。

（1）刀片固定螺钉松脱：刀片固定螺钉如果松脱，会导致刀片在旋转时产生金属敲击声。此时，应停机检查并重新拧紧刀片固定螺钉，确保刀片稳固不晃动。

（2）刀轴两端刀片变形：刀轴两端的刀片如果变形，也会在工作时产生金属敲击声。应检查刀片的形状，如有变形应及时校正或更换新的刀片。

（3）刀轴传动链过松：刀轴传动链如果过松，会导致链条在运转时产生敲击声。此时，应调节链条的张紧度，确保其在合适的范围内，减少敲击声的产生。

（4）万向节倾角过大：万向节倾角过大会使得机组在工作时产生过大的震动和金属敲击声。应调节旋耕机的提升高度，改变万向节的倾角，以减少震动和敲击声。

7. 旋耕机工作时刀轴转不动

排除方法如下。

（1）传动箱齿轮损坏咬死：当传动箱齿轮损坏咬死时，会导致刀轴无法转动。此时，需要停机检查传动箱齿轮的状态，如果发现齿轮损坏严重，应及时更换新的齿轮。

（2）轴承坏咬死：轴承是支撑刀轴旋转的关键部件，如果轴承损坏咬死，刀轴也会无法转动。此时，需要检查轴承的状态，如果轴承损坏严重，应更换新的轴承。

（3）圆锥齿轮无齿侧间隙：圆锥齿轮在运转时需要一定的侧间隙来保证正常的啮合和传动。如果侧间隙过小或没有间隙，会导致齿轮咬死，刀轴无法转动。此时，需要重新调整圆锥齿轮的侧间隙，使其达到合适的范围。

（4）刀轴侧板变形或刀轴弯曲变形：侧板变形或刀轴弯曲变形会导致刀轴在运转时受到阻碍，无法顺利转动。此时，需要对侧板或刀轴进行校正，确保其形状正常。

（5）刀轴缠草堵泥严重：在作业过程中，如果刀轴上缠绕了过多的杂草或泥土，会导致刀轴转动阻力增大，甚至无法转动。此时，需要停机清理刀轴上的杂草和泥土，确保刀轴的正常运转。

8. 刀片弯曲或折断

排除方法如下。

（1）与坚石或硬地相碰：在作业过程中，如果刀片与坚石或硬地相碰，容易导致刀片弯曲或折断。此时，应更换受损的犁刀，并清除作业区域内的石块。同时，在降落旋耕机时应缓慢进行，避免刀片与硬物碰撞。

（2）转弯时旋耕机仍在工作：在转弯时，如果旋耕机仍在工作，刀片容易受到过大的侧向力而弯曲或折断。因此，在转弯时应按照操作要领，先提起旋耕机，待转弯完成后再放下继续作业。

（3）犁刀质量不好：如果刀片本身质量不好，容易在使用过程中发生弯曲或折断。此时，应更换质量更好的犁刀，以确保旋耕机的正常工作。

9. 齿轮箱漏油

排除方法如下。

（1）油封损坏：油封是防止齿轮箱漏油的关键部件，如果油封损坏，会导致齿轮箱内的润滑油泄漏。此时，应更换新的油封，确保密封性能良好。

（2）纸垫损坏：齿轮箱内部的纸垫如果损坏或老化，也会导致漏油。此时，应检查纸垫的状态，如果发现损坏或老化，应及时更换新的纸垫。

（3）齿轮箱有裂缝：如果齿轮箱本身存在裂缝或破损，润滑油会通过这些裂缝泄漏出来。此时，需要对齿轮箱进行修复或更换新的齿轮箱。

（4）齿轮箱上通气孔堵塞：通气孔堵塞会导致齿轮箱内压力异常，从而引起漏油。

此时，应清洗并疏通通气孔，确保齿轮箱内的压力平衡。

第二节 种植机械维修

一、播种机械常见故障与排除

（一）播种机不排种

1. 排种器轴不转

首先，沿着传动路线仔细检查各个传动零件。观察是否有损坏、松动或卡滞的情况。如果发现问题，应及时修复或更换相关零件。

其次，检查传动系统的润滑情况。如果润滑不良，可能会导致传动阻力增大，进而影响排种器轴的正常转动。因此，应确保传动系统得到良好的润滑。

2. 个别排种口堵塞

检查每个排种口，特别注意是否有杂物或种子残留。使用合适的工具轻轻清除排种口中的杂物，确保排种口畅通无阻。

为了防止未来再次堵塞，可以在播种前对种子进行筛选，去除杂质和不合格的种子。

3. 气力式播种机风扇不转或转数不够，真空管路压扁或堵塞

对于风扇不转或转数不够的问题，首先检查风扇的电源和传动系统是否正常。如果电源和传动系统正常，但风扇仍不转或转数不够，可能是风扇本身损坏，需要修理或更换。

对于真空管路压扁或堵塞的问题，首先检查管路是否有明显的压扁或变形。如果有，应修复或更换相关管段。同时，检查管路内部是否有杂物或堵塞物，如果有，应清理干净。

（二）播种量忽大忽小

1. 播量调节手柄没固定紧，排种槽轮工作长度来回窜动

检查播量调节手柄是否固定紧实。如果发现手柄松动，应立即使用合适的工具将其固定紧，防止排种槽轮工作长度发生变化。

在固定播量调节手柄后，再次进行播种测试，观察播种量是否稳定。

2. 窝眼轮或盘式排种器的刮种舌磨损，或卡制不起作用

检查刮种舌的磨损情况。如果磨损严重，应及时更换新的刮种舌，以确保其正常工作。如果刮种舌卡制不起作用，可能是卡制机构出现故障。此时，需要对卡制机构进行检修或更换。对于排种口或窝眼阻塞的问题，应定期清理播种机内部的杂物和残留种子，确保排种畅通。

3. 气吸式的排种盘不平、排种盘装反、排种盘松脱、气流压力降低或真空故障

对于排种盘不平或装反的问题，需要重新调整或更换排种盘，确保其平整且安装正确。如果排种盘松脱，应检查固定装置是否牢固，必要时进行加固。对于气流压力降低或真空故障的问题，需要检查气源和真空系统是否正常工作。如果发现问题，应及时修复或更换相关部件。

（三）某一个排种器（或播种单元）不排种

（1）外槽轮排种器问题。

首先，检查外槽轮排种器的排种口处是否有杂物堵塞。如果发现杂物，应使用合适的工具小心清除，确保排种口畅通无阻。

其次，检查排种轮和排种轴的装配情况。如果发现没有销子，或者销子松动，应立即补装销子，并拧紧槽轮卡箍，确保排种轮在轴上稳定转动。

（2）排种单元传动问题。检查排种单元上的传动链条是否断裂。如果链条断裂，应更换新的传动链条，并确保链条的张紧度适中，避免过松或过紧。

同时，检查轴销是否被剪断。如果轴销损坏，应更换新的轴销，并检查排种器排种部件是否有卡住的情况。如果部件卡住，应检查润滑情况、同心度以及是否有杂物堵塞等问题，并逐一解决。

（3）开沟器或输种管问题。检查开沟器或输种管下部是否有堵塞物。如果发现堵塞物，应使用合适的工具清除，确保开沟器和输种管畅通无阻。

同时，检查输种管是否插入开沟器体内。如果输种管没有插入或插入不到位，应重新插入，确保输种管与开沟器连接紧密，避免种子在传输过程中散落或堵塞。

（4）播种量比规定的少。

（四）播种量比规定的少

1. 行走轮滑移

行走轮滑移是导致播种量减少的一个常见原因。这可能是由于土壤条件不佳，如土壤过湿或过软，导致行走轮在行进过程中发生滑移，进而影响了播种量的准确性。

解决方法如下。

若因土壤原因导致的行走轮滑移，可以适当增加播种量，以补偿因滑移而减少的播种量；但需要注意，增加播种量时应控制在合理范围内，避免过量播种。

若因传动阻力大导致的行走轮滑移，应沿着传动路线逐一检查传动零件的技术状态，确保各部件正常运转。同时，对传动轴承进行润滑，减少摩擦阻力，提高传动效率。

2. 种子拌药或包衣后流动性差

种子在拌药或包衣后，其表面可能变得黏稠，导致流动性变差。这会影响种子在排种器中的顺畅流动，进而减少播种量。

解决方法如下。

在拌药或包衣后，若发现种子流动性变差，可以适当增加播种量，以确保播种的均匀性和密度。但同样需要注意控制增加量，避免过量。

在选择拌药或包衣剂时，应尽量选用对种子流动性影响较小的产品，以减少对播种量的影响。

3. 种子太脏，排种器被泥沙杂物堵塞

若种子中含有较多的泥沙等杂物，这些杂物可能会在排种器内积累并堵塞排种口，导致播种量减少。

解决方法如下。

在播种前，应对种子进行筛选和清洗，去除其中的泥沙和杂物，确保种子的清洁度。定期检查并清理排种器，确保排种口畅通无阻。在清理过程中，应注意不要损坏排种器的内部结构。

（五）种子的株（穴）距不正常

1. 播种时行驶太快

在播种过程中，如果播种机行驶速度过快，会导致种子投放不均匀，从而使得株（穴）距不正常。为了避免这种情况，播种时应按照规定的速度行驶，确保种子投放的准确性和均匀性。

2. 传动轮打滑

传动轮打滑也是导致株（穴）距不正常的一个原因。这可能是由于轮胎磨损、轮胎气压不足或传动系统调整不当造成的。为了解决这个问题，应重新调整传动轮，改变轮胎的压力，确保传动轮与地面之间有足够的摩擦力，防止打滑现象的发生。

3. 轮胎压力不对

轮胎的气压是影响播种机行驶稳定性和株（穴）距准确性的重要因素。如果轮胎气压不足或过高，都会导致播种不均匀。因此，应定期检查轮胎的气压，确保达到要求的气压范围。

4. 链轮速比不对

链轮速比是播种机的一个重要参数，它决定了播种盘的转速和种子的投放速度。如果链轮速比不正确，就会导致种子投放不均匀，使得株（穴）距不正常。为了解决这个问题，应更换选用正确的链轮，确保链轮速比与播种机的设计要求相符。

5. 排种盘的孔数不对

排种盘的孔数直接决定了每次投放的种子数量。如果排种盘的孔数不对，就会导致种子投放数量不准确，从而使得株（穴）距不正常。因此，在选择排种盘时，应根据作物的种植密度和播种机的设计要求来选择合适的排种盘。

（六）穴盘成穴性变差

1. 播种机行驶速度过高

播种机的行驶速度过快会导致种子投放不准确，使得穴盘成穴性变差。为了解决这个问题，应适当控制播种机的行驶速度，确保种子能够准确地投放到穴盘中。

2. 刮种器或投种器磨损严重失效

刮种器和投种器是播种机中负责将种子从排种盘投放到穴盘的关键部件。如果这些部件磨损严重或失效，就会导致种子投放不准确。为了解决这个问题，应定期检查这些部件的磨损情况，及时更换或调节磨损严重的部件。

3. 弹簧压力不够或安装位置不当

刮种器和投种器中的弹簧负责控制种子的投放力度和方向。如果弹簧压力不够或安装位置不当，就会导致种子投放不准确。因此，应定期检查这些弹簧的工作状态，确保它们具有足够的压力和正确的安装位置。

4. 护种装置磨损不起作用

护种装置用于保护种子在投放过程中不被风吹散或掉落。如果护种装置磨损严重或不起作用，就会导致种子投放不准确。为了解决这个问题，应定期检查护种装置的磨损情况，及时更换磨损严重的部件。

（七）种子的破碎率增加

1. 刮种器失灵或压力调整不当

刮种器的主要作用是控制种子的流量，防止堵塞。如果刮种器失灵，或者其施加在种子上的压力调整不当，就可能导致种子在通过时被过度挤压，进而增加破碎率。此时，我们需要检查刮种器的工作状态，如发现有损坏或磨损严重的情况，应及时更换刮种器。同时，还需要根据种子的种类和大小，适当调节刮种器的压力，确保其在正常范围内工作。

2. 护种装置失效

护种装置的作用是保护种子在传送过程中免受损伤。如果护种装置失效，种子就可能在传送过程中受到撞击或摩擦，从而增加破碎率。对于这种情况，我们首先需要检查护种装置是否完好，如发现有损坏或变形的情况，应及时更换。同时，还需要调整护种装置的位置和角度，确保其能够有效地保护种子。

3. 排种轮或排种盘选择不对

排种轮或排种盘的选择应根据种子的尺寸和形状来确定。如果选择的排种轮或排种盘与种子尺寸不相适应，就可能导致种子在排种过程中受到挤压或摩擦，增加破碎率。因此，我们需要根据种子的实际情况，更换与种子尺寸相适应的排种轮或排种盘。

4. 槽轮排种舌的固定位置不对

槽轮排种舌的固定位置对种子的排种效果有着重要影响。如果固定位置不对，就可能导致种子在排种过程中受到不均匀的力量作用，进而增加破碎率。针对这种情况，我们需要重新调整槽轮排种舌的固定位置，确保其在最佳的工作状态下进行排种。在调整过程中，还需要注意保持排种舌的平整和清洁，避免其对种子造成额外的损伤。

（八）输种管堵塞不流畅

1. 输种管变形或有杂物堵塞

当输种管出现变形时，应立即停机，对输种管进行校正，确保它的形状和路径恢复正常，以便种子能够顺畅流动。同时，检查输种管内是否有杂物堵塞，如残留的土壤、秸秆或其他异物。一旦发现杂物，应及时清除，保证输种管的畅通无阻。

2. 开沟器口堵塞

在播种过程中，如果开沟器口被土壤堵塞，会导致种子无法正常落入土壤。此时，应停机检查开沟器口，清除堵塞的土壤，确保开沟器口畅通无阻。同时，也要检查开沟器的工作状态，确保其正常工作，避免再次堵塞。

（九）工作中排种器不排种

1. 传动链条断裂

当发现排种器不工作时，首先检查传动链条是否断裂。如果链条断裂，应及时更换新的链节或整条链条，确保传动系统正常工作。

2. 离合器没有接合上

如果离合器没有接合上，可能是离合弹簧压力不够或滑动套在轴上卡滞住。此时，应检查离合弹簧的压力，如果压力不足，应加大弹簧压力。同时，检查滑动套是否在轴上卡滞，如有卡滞现象，可在滑动套和轴上浇些机油加以润滑。

3. 链轮顶丝松动或箱壁上传动轴头处开口销丢失或被剪断

链轮顶丝松动或箱壁上传动轴头处开口销丢失或被剪断也可能导致排种器不工作。因此，应定期检查这些部件的状态，发现松动或损坏应及时紧固或更换。

（十）播种深度不够

1. 机架与牵引点连接过高

当发现播种深度不够时，首先检查机架与牵引点的连接高度。如果连接过高，应拆下机架前支撑杆，调整深浅手轮，相应调整尾轮，使机架与牵引点的连接高度适中，从而确保播种深度达到要求。

2. 开沟器弹簧压力不足

开沟器弹簧压力不足也是导致播种深度不够的原因之一。此时，应将开沟器弹簧定位销往上调1~2孔，增加弹簧压力，使开沟器能够更深入地切入土壤。

3. 开沟器拉杆变形或升降臂螺钉松动

开沟器拉杆变形或升降臂螺钉松动也会影响播种深度。对于变形的拉杆，应及时校正；对于松动的螺钉，应紧固以确保开沟器的稳定工作。

4. 受拖拉机轮辙影响

拖拉机轮辙可能会对播种深度产生影响。为了解决这个问题，可以将与拖拉机轮相对的开沟器弹簧定位销上调1~2孔，增加弹簧压力，以抵消轮辙对播种深度的影响。

5. 地表太硬，杂草残茬太多

如果地表太硬或杂草残茬太多，也会影响播种深度。此时，应设法提高整地质量，如进行深耕、松土、清除杂草残茬等措施，为播种创造更好的土壤条件。

（十一）牵引式播种机在一次起落过程中，某一半开沟器升不起来

在牵引式播种机的一次起落过程中，如果发现某一半的开沟器无法正常升起，可能涉及以下原因及解决方案。

1. 自动器杠杆弹簧丢失或弹力失效

当自动器杠杆弹簧丢失或弹力失效时，开沟器可能因失去支撑而无法升起。此时，应检查弹簧的安装状态，如果发现弹簧确实丢失或失去弹力，应立即更换为新的弹簧，并确保弹簧安装正确，以保证其正常工作。

2. 自动器杠杆和自动器盘面因杂物挤住

在播种过程中，自动器杠杆和自动器盘面可能会因泥土、杂草等杂物的积累而被挤住，导致杠杆无法恢复原位。针对这一问题，应定期对播种机进行清理，清除积累的杂物，确保杠杆和盘面的正常工作。

（十二）传动链条跳齿或链条拉断

1. 链条过松或挂反

如果链条过松或安装方向不正确，就容易出现跳齿或拉断的现象。此时，应检查链条的松紧度及安装方向，并进行相应的调整或更换。

2. 链环有旧伤裂纹

链环在使用过程中可能会因磨损或冲击而产生旧伤裂纹，这些裂纹会削弱链条的强度，导致链条拉断。因此，应定期检查链环的状态，一旦发现裂纹，应及时更换拆断的链条。

3. 排种器产生故障

排种器内部如果有杂物或部件损坏，可能会导致传动链条受力不均，进而引发跳齿或拉断的问题。针对这一情况，应清理排种器内部的杂物，并检查部件是否完好，如有损坏应及时更换。

4. 传动轴和轴承缺油卡住

传动轴和轴承若长期缺乏润滑，容易因摩擦过大而卡住，影响链条的正常传动。因此，应定期为传动轴和轴承加油润滑，确保其正常工作。

5. 传动齿轮齿隙过小楔紧

齿隙过小的传动齿轮会导致链条在传动过程中受到过大的阻力，从而引发跳齿或拉断的问题。此时，应重新调整齿隙，确保齿轮与链条之间的配合得当。

（十三）开沟器圆盘不转或推土

当开沟器圆盘出现不转或推土的情况时，可能是由于土地过湿或开沟过深导致湿土或大土块进入圆盘中间。针对这一问题，应及时清除湿土或大土块，并适当调浅播深，以避免类似情况发生。

（十四）某一行不排肥料

1. 排肥星轮的销子脱出或被剪断

销子的脱落或损坏会导致排肥星轮无法正常工作，从而影响肥料的排放。此时，应检查销子的状态，如有脱落或损坏，应立即更换新的销子。

2. 排肥轴扭断，星轮轴或振动拖肥器的振动凸轮销扭断

这些部件的损坏同样会导致肥料无法正常排放。对于这类问题，应及时检查相关部件的完整性，一旦发现损坏，应立即更换新的部件。

3. 排肥箱内该处肥料架空

肥料在排肥箱内的分布不均匀或架空现象可能导致某一行无法排肥。因此，应定期检查排肥箱内的肥料分布情况，确保肥料均匀分布，避免架空现象的发生。

4. 进肥口或排肥口堵塞，输肥管堵塞

堵塞的进肥口、排肥口或输肥管会阻碍肥料的正常流动，导致某一行无法排肥。针对这一问题，应定期清理堵塞物，确保进肥口、排肥口和输肥管的畅通无阻。同时，还应检查肥料中是否有杂物和大的结块，如有应及时清除杂物、粉碎结块，以保证肥料的顺利

排放。

（十五）覆土不严或覆土过多

1. 覆土器安装角度不当，弹簧或配重选择不当

覆土器的安装角度、弹簧的弹性和配重的选择都是影响覆土效果的关键因素。如果安装角度不当，可能导致覆土板与地面的接触面积不合适，进而影响覆土效果。同样，如果弹簧的弹性不足或配重选择不当，也可能导致覆土器不能稳定地工作，出现覆土不严或过多的情况。

针对这些问题，可以采取以下措施进行调整：

首先，检查覆土器的安装角度，确保其与地面的接触面积合适，既不过大也不过小。

其次，根据播种机的实际情况和播种需求，选择合适的弹簧和配重，以保证覆土器的稳定工作。

2. 覆土板的开口过大或过小

覆土板的开口大小直接决定了覆土的厚度和均匀度。如果开口过大，可能会导致覆土过多，影响种子的呼吸和生长；如果开口过小，则可能覆土不严，种子无法获得足够的土壤保护。

（十六）开沟器在工作中易出现的故障及细化解决方法

开沟器作为播种机的重要部件，其工作状况直接影响到播种的质量和效率。在使用过程中，开沟器可能会出现多种故障，以下是对这些故障及细化解决方法的详细阐述。

1. 开沟器转动不灵或有噪声

故障原因：导种板或刮土板没有正确安装，导致与圆盘干磨；或者滚珠轴承破裂。

解决方法：首先检查导种板和刮土板的安装情况，确保它们安装正确且没有与圆盘产生摩擦。如果发现滚珠轴承破裂，则需要及时更换新的滚珠轴承。

2. 开沟器被泥土堵塞

故障原因：土壤过湿、开沟过深、停车中降落开沟器或在开沟器降落后倒车。

解决方法：定期清理开沟器中的泥土，避免土壤堵塞。在播种过程中，应确保在机组行进中降落开沟器或播种机，避免停车中降落或倒车时未提升开沟器或播种机。

3. 开沟深度不稳定

故障原因：整地不良、土块太多，或者开沟器的入土角过大或过小。

解决方法：在播种前进行细致的整地工作，减少土块数量。同时，调整开沟器的入土角，确保其在规定的范围内，以达到稳定的开沟深度。

4. 开沟普遍过深或过浅

故障原因：开沟器弹簧压力或配重不当，限深装置调整不当，或机架前后不平。

解决方法：根据播种要求重新调整开沟器的弹簧压力和配重，确保限深装置的正确安装和调整。同时，检查机架的平整度，必要时进行调整。

5. 各行播深不一致

故障原因：机架前后不水平，导致前后列开沟器开沟深度不一致；弹簧压力不一致，"山形销"没有处在同一高度的孔内。

解决方法：调整牵引点的高低或中央拉杆的长度，使机架前后水平。同时，检查并调整弹簧压力，确保"山形销"在同一高度的孔内。

6. 个别开沟器处于驱动轮压实后的地面上工作时变浅

故障原因：驱动轮压实地面后，该行开沟器受到的影响较大。

解决方法：针对该行开沟器，相应调整其压缩弹簧的长度（压力）或增加配重，以补偿驱动轮压实带来的影响。

7. 地面不平或机架左右不平导致左右开沟器深浅不一致

故障原因：地面不平整或机架左右不水平。

解决方法：通过调节拖拉机下悬挂臂吊杆长度，使机架左右水平。在播种前，对地面进行必要的平整处理，以减少地面不平对开沟器工作的影响。

二、水稻育秧播种机常见故障与排除

（一）水稻插秧机故障表现

水稻插秧机的某一部件、总成或整机技术状态变坏，直接影响整机的正常工作，即说明发生了故障。水稻插秧机的各种故障总是通过一定的征象（或称形态）表现出来的，一般具有可听、可见、可嗅、可触摸、可测量的性质。这些征象表现在以下几个方面。

1. 声音反常

声音是由物体振动发出的。因此，水稻插秧机工作时发出的规律的响声是一种正常现象，但当水稻插秧机发出各种异常响声（如敲击、排气管放炮声、爆震和摩擦噪声）时，即说明声音反常。

2. 温度反常

水稻插秧机正常工作时，发动机的冷却水、机油，变速器的润滑油，液压系统的液压油等温度均应保持在规定范围内。当温度超过一定限度（如水温或油温超过95 ℃，与润滑部位相对应的壳体表面油漆变色、冒烟等）而引起过热时，即说明温度反常。

3. 外观反常

即水稻插秧机工作时凭肉眼可观察到的各种异常现象。例如，冒黑烟、白烟、蓝烟，漏气、漏水、漏油，零件松脱、丢失、错位、变形、破损等。

4. 气味反常

发动机燃烧不完全、摩擦片过热或导线短路时，会发出刺鼻的烟味或烧焦味，此时即表明气味反常。

5. 消耗反常

水稻插秧机的主燃油、润滑油、冷却水和电解液等过量的消耗，或油面、液面高度反常变化，均称为消耗反常。

6. 作用反常

水稻插秧机的各个系统分别起着不同的作用，各系统的作用均正常时，整机才能正常工作。当某系统工作能力下降或丧失，使水稻插秧机不能正常工作时，即说明该系统作用反常。例如，启动机不转、发动机功率不足、机油压力过低、离合器分离不清、变速箱挂挡或脱挡困难、液压升降失灵、漏插、漂秧等。

以上几种反常现象，常常相互联系，作为某种故障的征象，先后或同时出现。只要稍稍留心，上述故障症状都是易于察觉的，但成因却是复杂的，又往往是重大故障的先兆，所以遇到上述情况时，要及时处理。

（二）水稻插秧机故障形成原因

水稻插秧机在使用过程中由于技术状态恶化而发生故障，一方面是必然的自然现象，经过主观努力可以减轻，但不能完全防止；另一方面则是由于使用维护不当而造成的。因此，只有深入地了解水稻插秧机故障形成的原因，才能设法减少水稻插秧机故障的发生。

1. 设计制造上的缺陷或薄弱环节

新型水稻插秧机设计结构的改进，制造时新工艺、新技术和新材料的采用，加工装配质量的提高，使水稻插秧机的性能和质量有了很大的提高，也的确减少了新机在一定作业里程内的故障率。但由于水稻插秧机结构复杂，各总成、组合件、零部件的工作情况差异很大，不可能完全适应各种运行条件，使用中就会暴露出某些薄弱环节。

2. 配件制造的质量问题

随着水稻插秧机配件消耗量的日趋增长，配件制造厂家也越来越多。但由于它们的设备条件、技术水平、经营管理各有不同，配件质量就很不一致。尽管配件的质量正在提高，但这仍然是分析、判断故障时不能忽视的因素。

3. 燃料、润料品质的影响

合理选用水稻插秧机燃料、润料是水稻插秧机正常行驶的必要条件。由于水稻插秧机的田间使用条件十分恶劣，所以对润滑条件要求较为严格。如果润滑油（脂）等不合格就会影响正常润滑，使零件磨损加剧。因此，使用不符合水稻插秧机规定的燃料、润料，也是故障的一个成因。例如，柴油发动机在冬季选用凝固点高的柴油，是供油系统发生故障和柴油机不能启动的主要原因；柴油机不采用专用柴油机机油，是发动机早期磨损的因素等。

4. 田间条件的影响

水稻插秧机在不同的水田作业时，其传动系统、行走系统、制动系统、送秧机构和栽植机构等均会受到水田泥土的浸入，使其内部润滑不良，增加零件磨损，引起有关部位的故障。若经常在山区小田块作业，地头转弯频繁，使传动、制动部分工况的变动次数多、幅度大，往往导致早期损坏。

5. 管理、使用、保养不善

因管理、使用、保养不善而引起的故障占有相当比重。柴油发动机如使用未经滤清的柴油，新机或大修后的水稻插秧机不执行磨合规定，不进行磨合保养，田间作业不注意保持正常温度、装秧不合理或超载，等等；均是引起水稻插秧机早期损坏和故障发生的原因。

6. 安装、调整错乱

水稻插秧机的某些零件（如齿轮室的齿轮、曲轴、飞轮，变速箱内的齿轮，空气滤清器和机油滤清器的滤芯及垫圈等）相互间只有严格按要求的位置记号安装，才能保证各系统正常工作。若装配记号错乱，位置装倒或遗漏了某个垫片、垫圈，便会因零件间的相对位置改变而造成各种故障。

水稻插秧机的各调整部位（如气门间隙、轴承间隙、阀门开启压力等），使用中必须按要求规范调整，才能保证各系统在规定的技术条件下工作。若调整不当，便会发生各种故障。

7. 零件由于磨损、腐蚀和疲劳而产生缺陷

相互摩擦的零件（如活塞与缸套、曲轴轴颈与轴承等），在工作过程中，摩擦表面产生的尺寸、形状和表面质量的变化，称为磨损。磨损不但改变了零件的尺寸形状和表面质量，还改变了零件的配合性质，有些零件的相对位置也会发生改变。在正常情况下，工作时间越长，零件因磨损而产生的缺陷越多，故障也会增多。由此可见，磨损是产生故障的一个重要根源。

腐蚀主要由金属和外部介质起了化学作用或电化学作用所造成，其结果使金属成分和性质发生了变化。水稻插秧机上常见的腐蚀现象是锈蚀、酸类或碱类的腐蚀及高温高压下的氧化穴蚀等。氧化主要是指橡胶、塑料类零部件由于受油类或光、热的作用而失去弹性、变脆、破裂。

零件在交变载荷的作用下，会产生微小的裂纹。这些裂纹逐渐加深和扩大，致使零件表面出现剥落、麻点或使整个零件折断，这种现象被称为疲劳损坏。水稻插秧机中的某些零件，主要就是因疲劳而损坏的，如齿轮、滚动轴承和轴类等。

由慢性原因（如磨损、疲劳等）引起的故障，一般是在较长时间内缓慢形成，其工作能力逐渐下降，不易立即察觉。由急性原因（如安装错误、堵塞等）引起的故障，往往是在很短时间内形成的，其工作能力很快或突然消失。

（三）水稻插秧机故障诊断的基本方法

水稻插秧机故障诊断包括两个方面：一是先用简便方法迅速将故障范围缩小；二是再确定故障区段内各部状态是好是坏，二者既有区别又相互联系。下面介绍几种常用的故障诊断方法。

1. 仪表法

使用轻便的仪器、仪表，在不拆卸或少拆卸的情况下，比较准确地了解水稻插秧机内部状态好坏的方法，称为仪表法。

2. 隔除法

部分地隔除或隔断某系统、某部的工作，通过观察征象变化来确定故障范围的方法，称为隔除法。一般地，隔除、隔断某部位后，若故障征象立即消除，即说明故障发生在该处；若故障征象依然存在，说明故障在其他处。例如，某灯不亮时，可从蓄电池处引一根导线直接与灯相接，若灯亮，说明开关至灯的线路发生了故障。

3. 试探法

对故障范围内的某些部位，通过试探性的排除或调整措施，来判别其是否正常的方法，称为试探法。进行试探性调整时，必须考虑到恢复原状的可能性，并确认不至因此而产生不良后果，还应避免同时进行几个部位或同一部位的几项试探性调整，以防止互相混淆，引起错觉。

4. 经验法

主要凭操作者耳、眼、鼻等器官的感觉来确定各部技术状态好坏的方法，称为经验法。此方法对复杂故障诊断速度较慢，且诊断准确性受检修人员的技术水平和工作经验影响较大。常用的手段如下。

（1）听诊。根据水稻插秧机运转时产生的声音特点（如音调、音量和变化的周期性等）来判断配合件技术状态的好坏，称为听诊；水稻插秧机正常工作时，发出的声音有其特殊的规律性。有经验的人，能从各部件工作时所发出的声音，大致辨别其工作是否正常，当听到不正常的声音时，会有异常的感觉。

（2）观察。即用肉眼观察一切可见的现象，如运动部件运动有无异常、连接件有无松动，有无漏水、漏油、漏气现象，排气是否正常，各仪表读数、排气烟色、机油颜色是否正常等，以便及时发现问题。

（3）嗅闻。即通过嗅辨排气烟味或烧焦味等，及时发现和判别某些部位的故障。这种方法对判断水稻插秧机的电气系统短路和离合器摩擦衬片烧蚀特别有效。

（4）触摸。即用手触摸或扳动机件，凭手的感觉来判断其工作温度或间隙等是否正常。负荷工作一段时间后，触摸各轴承相应部件的温度，可以发现是否过热。一般手感到机件发热时，温度在40℃左右；感到烫手但不能触摸几分钟，温度在50~60℃；若一触及就烫得不能忍受，则机件温度已达到80~90℃。

（5）比较法。将怀疑有问题的零部件与正常工作的相同件对换，根据征象变化来判断其是否有故障的方法，称为比较法。换件比较是在不能准确地判定各部技术状态的情况下所采取的措施。实际上，在各种诊断方法中都包含着一定的比较成分，而不急于换件比较。因此，应尽量减少盲目拆卸对换。

第三节　灌溉设备维修

一、离心泵常见故障与排除

（一）启动故障

1. 电机不能正常启动

如果是电动机作为原动装置，首先用手拨动电机散热风扇，看转动是否灵活：如果灵活，可能为启动电容失效或容量减小，当更换相同值的启动电容；如果转不动，说明转子被卡死，当清洗铁锈后加润滑油（脂），或清除卡死转子的异物。

2. 水泵反向旋转

此类情况多出现在第一次使用，此时应立即停机。若为电动机，应调换三相电源中任意两相，可使水泵旋转方向改变；若以柴油机为动力，则应考虑皮带的连接方式。

3. 离心泵转动后不出水

若转动正常但不出水，可能的原因有：（1）吸入口被杂物堵塞，应清除杂物后安装过滤装置；（2）吸入管或仪表漏气，可能由焊缝漏气、管子有砂眼或裂缝、接合处垫圈密封不良等引起；（3）吸水高度高，应将之降低；（4）叶轮发生气蚀；（5）注入泵的水量不够；（6）泵内有空气，排空方法为关闭泵出口调节阀，打开回路阀；（7）出水阻力太大，应检查水管长度或清洗出水管；（8）水泵转速不够，应增加水泵转速。

（二）运转故障

1. 流量不足或停止

可能的原因是：（1）叶轮或进、出水管堵塞，应清洗叶轮或管路；（2）密封环、叶轮磨损严重，应更换损坏的密封环或叶轮；（3）泵轴转速低于规定值，应把泵速调到规定值；（4）底阀开启程度不够或逆止阀堵塞，应打开底阀或停车清理逆止阀；（5）吸水管淹没深度不够，使泵内吸入空气；（6）吸水管漏气；（7）填料漏气；（8）密封环磨损，应更换新密封环或将叶轮车圆，并配以加厚的密封环；（9）叶轮磨损严重；（10）水中含沙量过大，应增加过滤设施或避免开机。

2. 声音异常或振动过大

水泵在正常运行时，整个机组应平稳，声音应当正常。如果机组有杂音或异常振动，则往往是水泵故障的先兆，应立即停机检查，排除隐患。水泵机组振动的原因很复杂，从引发振动的起因来看，主要有机械、水力、电气等方面；从振动的机理来看，主要有加振力过大、刚度不足和共振等。其原因可能有以下几方面。

机械方面：（1）叶轮平衡未校准，当即刻校正；（2）泵轴与电动机轴不同心，当校正；（3）基础不坚固，臂路支架不牢，或地脚螺栓松动；（4）泵或电机的转子转动不平衡。

水力方面：（1）吸程过大，叶轮进口产生汽蚀；水流经过叶轮时在低压区出现气泡，到高压区气泡溃灭，产生撞击引起振动，此时应降低泵的安装高度；（2）泵在非设计点运行，流量过大或过小，会引起泵的压力变化或压力脉动；（3）泵吸入异物，堵塞或损坏叶轮，应停机清理；（4）进水池形状不合理，尤其是当几台水泵并联运行时，进水管路布置不当，出现漩涡使水泵吸入条件变坏。共振引起的振动，主要是转子的固有频率和水泵的转速一致时产生，应针对以上故障原因，作出判断后采取相应的办法解决。

3. 轴承过热

运行时，如果轴承烫手，应从以下几方面排查原因并进行处理：（1）润滑油量不足，或油循环不良；（2）润滑油质量差，杂质使轴承锈蚀、磨损和转动不灵活；（3）轴承磨损严重；（4）泵与电机不同心；（5）轴承内圈与泵轴轴颈配合太松或太紧；（6）用皮带传动时皮带太紧；（7）受轴向推力太大，应逐一进行叶轮上平衡孔的疏通。

4. 泵耗用功率过大

泵运行过程若出现电流表读数超常、电机发热，则有可能是泵超功率运行，可能的原因：（1）泵内转动部分发生摩擦，如叶轮与密封环、叶轮与壳体；（2）泵转速过高；（3）输送液体的比重或黏度超过设计值；（4）填料压得过紧或填料函体内不进水；（5）轴系磨损或损坏；（6）轴弯曲或轴线偏移；（7）泵运行偏离设计点并在大流量下运行。

二、潜水电泵常见故障与排除

（一）漏电

漏电是潜水泵最常见的故障，也是危害人身安全的最危险因素之一。故障现象为合上闸刀时，变压器配电房中的漏电保护器便跳闸（如果没有漏电保护器会相当危险，会造成电机烧坏）。这主要是由于潜水泵泵体内进水，造成潜水泵电机绕组的绝缘电阻降低，导致保护器动作。此时用摇表或万用表，测电机绕组对外壳有一定的漏电阻。水泵长期使用，造成机械密封端面严重磨损，水由此渗入，浸湿电机绕组形成漏电。可将拆下的潜水泵电机放在烘房中，或用100~200 W白炽灯泡烘干；测绝缘电阻无穷大，然后将机械密封换新，再将泵装好即可投入使用。

（二）漏油

潜水泵漏油主要是由于密封盒磨损严重，造成密封盒油室漏油或出线盒处密封不良所致。密封盒油室漏油时，在进水节处可见油迹。在进水节处有一个加油孔，拧下螺钉，观察油室是否进水。若油室进水，则是密封不良，应更换密封盒，以防油室进水严重，渗入电机内。若潜水泵电缆根部有油化现象，属于电机内漏油。一般为密封胶塞密封不良或电机重绕后使用引线不合格造成的；有些是水泵接线板破裂造成的。检查确定后，换合格新品即可。并测量电机的绝缘程度，若绝缘不好应及时处理，同时将电机内的油换新。

（三）通电后叶轮不转

通电后水泵有嗡嗡的交流声，叶轮不转。切断电源，在进水口处拨动叶轮，若拨不动，说明转子被卡死。可拆开水泵检查，是否转子下端轴承滚珠破碎导致卡死转子；若能拨动叶轮，但通电后叶轮却不转，故障原因可能是轴承严重磨损，通电时定子产生的磁性将转子吸住而不能转动。更换轴承再组装水泵，拨动叶轮灵活，故障排除。

（四）水泵出水无力、流量小

取出水泵，检查转子转动灵活，通电转子能转。拆开水泵检查发现，水泵下端轴与轴承之间松动，且转子下移，因此转子转动无力，输出功率小。采用适当的垫圈垫在转子与轴承之间，使转子上移，安装试机，故障即可排除。

三、喷灌机常见故障与排除

（一）出水量不足

（1）进水管滤网或自吸泵叶轮堵塞：长时间使用可能导致水中的杂质堵塞滤网或叶轮，进而影响出水量。

（2）扬程太高或转速太低：如果喷灌机被设置在较高的位置或泵的转速不足，可能会导致出水量减少。

（3）叶轮环口处漏水：如果叶轮的环口处存在漏水情况，也会使得出水量无法达到预期。

解决方法如下。

（1）清除滤网或叶轮堵塞物：定期检查和清理滤网及叶轮，确保其畅通无阻。

（2）降低扬程或提高转速：根据实际需要调整喷灌机的安装位置或增加泵的转速，以提高出水量。

（3）更换环口处密封圈：如果叶轮环口处存在漏水问题，应及时更换密封圈，确保密封性良好。

（二）输水管路漏水

输水管路漏水可能是由于以下原因造成的。

（1）快速接头密封圈磨损或裂纹：长时间使用或操作不当可能导致密封圈损坏。

（2）接头接触面上有污物：如果接头接触面存在污垢或杂质，可能导致接头无法紧密连接。

针对这些问题，可以采取以下措施。

（1）更换密封圈：定期检查快速接头的密封圈，发现磨损或裂纹时及时更换。

（2）清除接头接触面污物：在连接接头前，确保接触面干净无污物，以确保连接紧密。

（三）喷头不转

喷头不转的原因可能包括如下。

（1）摇臂安装角度不对：摇臂的安装角度决定了其受力情况，角度不当可能导致喷头不转。

（2）摇臂安装高度不够：摇臂的高度不足可能导致其无法受到足够的水流冲击，从而无法转动。

（3）摇臂松动或摇臂弹簧太紧：摇臂的紧固程度和弹簧的松紧度都会影响喷头的转动。

（4）流道堵塞或水压太小：流道中的堵塞物或水压不足都可能影响喷头的正常工作。

（5）空心轴与轴套间隙太小：如果空心轴与轴套之间的间隙过小，可能会导致摩擦增大，影响喷头转动。

针对这些问题，可以采取以下解决方法。

（1）调整挡水板、导水板与水流中心线相对位置：确保水流能够正确冲击到摇臂，使其正常转动。

（2）调整摇臂调节螺钉：通过调整螺钉来改变摇臂的受力情况，从而解决转动问题。

（3）紧固压板螺钉或调整摇臂弹簧角度：确保摇臂的紧固度合适，并调整弹簧的松紧度。

（4）清除流道中堵塞物或调整工作压力：保持流道畅通，并根据需要调整工作压力。

（5）打磨空心轴与轴套或更换空心轴与轴套：如果摩擦过大，可以通过打磨来减小间隙，或考虑更换部件。

（四）喷头工作不稳定

喷头工作不稳定的原因可能包括如下。

（1）摇臂安装位置不对：摇臂的安装位置会直接影响其受力情况和转动稳定性。

（2）摇臂弹簧调整不当或摇臂轴松动：弹簧的松紧度和摇臂轴的紧固度都会影响喷头的稳定性。

（3）换向器失灵或摇臂轴磨损严重：换向器的正常工作对于喷头的转动至关重要，

而摇臂轴的磨损可能导致转动不畅。

（4）换向器摆块突起高度太低：摆块的高度决定了换向的灵敏度，高度不足可能导致换向不及时。

（5）换向器的摩擦力过大：过大的摩擦力会影响换向器的正常工作，导致喷头转动不稳定。

为了解决这些问题，可以采取以下措施。

（1）调整摇臂高度：确保摇臂的安装位置正确，以保证其受力均匀和转动稳定。

（2）调整摇臂弹簧或紧固摇臂轴：根据实际需要调整弹簧的松紧度，并确保摇臂轴的紧固度合适。

（3）更换换向器弹簧或摇臂轴套：如果换向器或摇臂轴套存在问题，应及时更换以保证正常工作。

（4）调整摆块高度：通过调整摆块的高度来改变换向的灵敏度，确保其能够及时换向。

（5）向摆块轴加注润滑油：定期为摆块轴加注润滑油，以减小摩擦力，提高换向器的工作效率。

四、滴灌设备常见故障与排除

（一）管道发生断裂

农田滴灌设备发生管道断裂故障现象时，产生的原因主要有以下三个方面，应具体问题具体分析，合理解决。

（1）管材质量不好。对于管材质量要严把进货关，在购买管材时，一定要严格检查管材的质量，切不可粗心大意。

（2）地基下沉不均匀。当地基出现下沉不均匀现象时，要挖开地基进行认真检查，对不良的地基应进行基础处理。

（3）管子受温度、应力影响而破坏，或因施工方法不当而造成管道破裂。在施工的时候，要求管道覆土厚度必须在最大冻深20 cm以下。当侧面有临空面或有管道通过涵洞时，一定要注意侧向及管下的土深要达到要求。要加强施工管理，在开挖管沟、处理地基、铺设安装、管道试压、回填管沟等几道工序上要严格按规范进行。当管道在通过淤泥地段时，必须采取加强处理。

（二）管道出现砂眼

管道出现砂眼的原因，一般是管子制造时的缺陷引起的。处理方法是在砂眼周围用150 μm（100目）的砂布打毛，并在砂眼周围已打毛的部分和另一管片打毛的内侧涂上黏合剂，把管片盖在砂眼上，并左右移动，使其黏合均匀，待片刻即可黏牢修复。

（三）停机时水逆流

农田滴灌设备在停机时出现逆向流水的现象时，产生的原因：（1）进、排气阀损坏，应查明原因，拆卸损坏的进、排气阀进行修复或更换；（2）进、排气阀的安装位置不正确，管道出现负压，应查明原因并重新安装。

（四）滴水不均匀

滴灌设备出现滴水不均匀现象时，一般情况下表现为远水源处水量不足、近水源处滴水过急，故障产生的原因：

（1）滴头堵塞，应仔细检查各故障滴头，并清堵修复或更换滴头；（2）供水压力不够，可调高水压排除故障；（3）管路支管架设得不合理，出现了逆坡降，应根据地形合理调整支管的坡度或重新架设支管走向。

（五）过滤器堵塞

滴灌设备出现过滤器堵塞现象，产生的原因：（1）进水水质过差，造成过滤器堵塞，应检验进水水质；（2）过滤器使用时间过久，脏物沉积堵塞，应经常对过滤器进行拆卸检修。

（六）滴头堵塞

引起滴头堵塞故障的原因主要有物理、化学和生物几个方面的因素，操作中要视不同情况进行处理，选用合理方法排除故障。

（1）物理因素。主要是水质不够清洁，水中含有大量泥沙、杂物等，极易造成滴头堵塞。故障排除方法是用高压水冲洗法清除滴头内的堵塞物。

（2）化学因素。主要是水中含有的铁、锰、硫等元素进行化学反应后，生成了不溶于水的物质，沉淀结垢使滴头堵塞，可选用酸处理法进行排除。

（3）生物因素。水中含有藻类、真菌等微生物沉积堵塞滴头，可用加氯处理法清除污物，排除故障。

第四节　植保机械维修

一、背负式机动弥雾机常见故障与排除

（一）电机不转

原因及排除方法：（1）若电源开关未打开，需要打开电源开关；（2）若电路接线不好，出现接头松脱，需要将线路接好；（3）若开关损坏或熔丝熔断，需要更换开关或熔丝；（4）若电机损坏，需要更换电机；（5）若电池电压低，需要充电或更换蓄电池。

（二）电机转，但不喷雾

原因及排除方法：原因可能为喷嘴堵塞、药箱盖进气嘴堵塞、泵阀堵塞、吸水口滤网堵塞、调压螺钉松动、调压弹簧失效、隔膜片失效等，需要进行相应部件清洗、疏通、调节或更换。

（三）不能充电

原因及排除方法：原因可能为电池异常、充电器异常、接头连接不良、导线断路等，

需要及时进行更换、重新连接或修复。

（四）泵不工作

原因及排除方法：可能原因为调压微动开关失效、船形开关接触不良、电机运转沉重、电源开关在"ON"位置等，需要进行更换或正确操作电源开关。

二、背负式机动弥雾机故障及排除

（一）启动困难

故障原因：打火系统工作异常；油路不畅及贫油或富油。

排除方法：清理火花塞积炭，打磨白金，调整白金间隙至 0.25 ~ 0.35 mm，火花塞间隙为 0.6~0.7 mm，观察打火颜色，正常应为蓝白色。如果不出火，则应检查高压线路部分是否断路、短路或接触不良，火花塞、高压线圈、电容器等是否被击穿，磁铁磁性是否减弱，转子与铁心之间油污是否太多等，这些都属打火系统故障，应及时排除。油路部分应检查油箱是否有油，开关是否完全打开，油箱盖小孔是否堵塞，油管是否破裂及各连接口是否牢固，三角针阀是否卡死，滤清器、滤网及其他部件是否过脏或堵塞，沉淀杯是否打开，调风量活塞及汽油泵是否正常等，这些都将影响正常供油。至于贫油或富油，应仔细检查主量孔是否堵塞或扩大，浮子室油面是否过高或过低，如果是则应调整浮子下面与主量孔齐平。贫油、富油的调整以电极的干湿程度而定。若电极发白则表示贫油，主量孔针阀应向外旋出；电极湿润则表示富油，主量孔针阀应向内旋进，针阀调试以旋紧后再旋出 1.5 圈为宜。

（二）功率不足

故障原因：混合油不合要求；缸筒和活塞磨损间隙过大；油、气供应不佳。

排除方法：严格油料配制比例，即新机 50 h 内汽油与机油按 15∶1 混合，超过 50 h 后按 20∶1 混合。缸筒活塞磨损间隙过大应进行销缸、加大活塞或更换。仔细检查油路、气路是否堵塞或漏油、漏气，清除排气消声器内的积炭，保证油路、气路畅通。

（三）汽油机运转声音异常

故障原因：汽油牌号不合标准或混有水分；浮子室内有沉淀物；火花塞与白金间隙不对。

排除方法：选择汽油牌号符合 66 ~ 70 号的标准，避免水分混入。清除浮子室内的沉淀物。正确调整火花塞与白金间隙（白金间隙：0.25 ~ 0.35 mm，火花塞间隙：0.6 ~ 0.7 mm）。

（四）出雾量不足或不喷

故障原因：喷嘴、开关或过滤网孔等堵塞；挡风板未打开；药箱漏气；药箱内进气管拧成麻花；发动机功率不足等。

排除方法：打开挡风板，疏通喷嘴、开关、过滤网透气孔、药箱进气管等。补塞漏气部位，检查、维修发动机使之达到应有功率。

三、喷杆式喷雾剂常见故障与排除

（一）调压失灵

故障原因：（1）泵转速低；（2）过滤滤芯堵塞；（3）出水管受阻；（4）系统泄漏；（5）喷嘴堵塞；（6）泵进水管吸瘪或折死；（7）泵工作隔膜破裂；（8）隔膜泵进出水阀被杂物卡住或损坏；（9）隔膜泵调压阀的柱塞卡死在回水体的孔中；（10）隔膜泵调压阀座磨损或调压阀座与锥阀之间有杂物；（11）压力表损坏；（12）泵进水管漏气；（13）调压阀内部件损坏；（14）调压阀阻塞卡死；（15）调压阀锁紧螺母位置不对。

排除方法：（1）调整动力输入转速至泵的额定转速；（2）清洗滤芯；（3）检查过滤器与泵之间的水管有没有扭曲，若扭曲，则需更换水管；检查药箱到过滤器之间的水管是否堵塞，若堵塞需排出；（4）药箱加满水，打开阀门，查看是否泄漏或水流顺畅，检查药箱出口和泵进口的环形卡箍是否连接好，否则更换卡箍；（5）检查喷嘴流速是否达到推荐值，当流速小于规定的10%时更换喷嘴，只使用推荐制造商的喷嘴；（6）更换吸水管；（7）更换隔膜；（8）拆开隔膜泵侧盖，清除杂物或更换进出水阀；（9）拆开调压阀，进行检查清洗，调整至使柱塞在回水体孔中能来回活动即可；（10）反复扳动减压手柄几次，冲去杂物，如果没有效果则应拆开调压阀进行检查清洗或更换锥阀；（11）修理、更换压力表；（12）检查修理、更换进水管；（13）更换调压阀部件；（14）将调压阀卸下、蘸机油冲洗后重装；（15）重新调整锁紧螺母位置。

（二）喷头不喷雾

故障原因：（1）喷孔堵塞；（2）液泵不供液。
排除方法：（1）清除堵塞物；（2）检查液泵，清洗吸水三通阀处的过滤器。

（三）动力不足，喷药量不足

故障原因：（1）液泵没有启动；（2）药箱缺药液；（3）滤芯不清洁；（4）水管扭曲或堵塞；（5）系统泄漏。
排除方法：（1）检查液泵的连接；（2）加注药液；（3）清洗滤芯，或者根据水质选择滤芯；（4）检查过滤器与泵之间的水管是否扭曲，若扭曲，需更换水管，若堵塞，排除堵塞异物；（5）检查过滤器密封圈是否泄漏，若泄漏，需更换密封圈。

（四）压力表针振动过大，泵出水管抖动剧烈

故障原因：（1）泵空气室充气压力不足或过大；（2）泵阀门损坏；（3）泵气室膜片或隔膜损坏；（4）压力表下的阻尼开关手柄位置不恰当；（5）压力过高或管路有气体贮存。
排除方法：（1）向空气室充气或放气至适当压力；（2）检查更换阀门组件（切勿装反）；（3）更换气室膜片或隔膜片；（4）调整开关手柄至合适位置；（5）全部卸压后重新加压。

（五）吸不上水

故障原因：（1）换向阀漏气或手柄位置不对；（2）吸水管路严重漏气或堵塞；（3）泵进、出水阀门内的阀片卡死或严重磨损；（4）泵进、出水阀门弹簧折断；（5）吸水高度过大；（6）泵进水管吸瘪或折死。

排除方法：（1）拆卸清洗更换密封圈或改变手柄位置；（2）检查泵进水管所有连接部位是否漏气，并旋紧卡箍；检查是否有堵塞处，并排除；（3）逐个拆卸泵盖检查，更换阀门组件（切勿装反）；（4）更换阀门弹簧；（5）降低吸水高度，应小于 4 m 或另选水源；（6）更换吸水管。

四、植保无人机常见故障与排除

（一）出现 GPS 长时间无法定位的情况

先冷静下来等待，因为 GPS 冷启动需要时间。如果等待几分钟后情况依旧没有好转，可能是因为 GPS 天线被屏蔽，GPS 被附近的电磁场干扰，需要把屏蔽物移除，远离干扰源，放置到空旷的地域，看是否好转。另外造成这种情况的原因也可能是 GPS 长时间不通电，当地与上次 GPS 定位的点距离太长，或者是在飞机定位前打开了微波电源开关。尝试关闭微波电源开关，关闭系统电源，间隔 5 s 以上重新启动系统电源等待定位。如果此时还不定位，可能是 GPS 自身性能出现问题，需要拿去给专业的植保无人机维修人员处理。

（二）控制电源打开后，地面站收不到来自无人机的数据

检查连线接头是否松动了或者没有连接，是否点击了地面站的连接按钮、串口是否设置正确、串口波特率是否设置正确、地面站与飞机的数传频道是否设置一致、飞机上的GPS 数据是否送入飞控，其中只要有一个环节出问题就无法通信，检查无误后重新连接。如果检查无误后还是连接不上，重新启动地面站电脑和飞机系统电源，一般都可以连上通信。

（三）在自动飞行时偏离航线太远

首先，检查飞机是否调平，调整飞机到无人干预下能直飞和保持高度飞行。其次，检查风向及风力，因为大风也会造成此类故障，应选择在风小的时候起飞无人机。最后，检查平衡仪是否放置在合适的位置，把飞机切换到手动飞行状态，把平衡仪打到合适的位置。

第五节 收获机械维修

一、玉米收获机常见故障与排除

（一）摘穗辊堵塞

故障原因：田间杂草异常多；切草刀间隙大；摘穗辊间隙太小；前进速度不适当；拨

禾链不转；摘穗齿、轮箱安全弹簧弹力不强。

排除方法：（1）清除田间杂草或拾草割台；（2）调整切草刀间隙；（3）调整摘穗幅间隙；（4）改变工作挡位；（5）排除拨禾链不转故障；（6）调整安全弹簧压力。

（二）拨禾链不转

故障原因：拨禾器触地；拨禾器滚链；被杂草卡住；拨禾链太松、挂住拖链板。

排除方法：（1）避免触地；（2）更换机件；（3）清除杂草；（4）调整拨禾链张紧度。

（三）切碎器主轴承温升过高

故障原因：缺油或油失效；三角带过紧；轴承损坏。

排除方法：（1）轴承注油；（2）调整拨禾链张紧度；（3）调换轴承。

（四）升运器链条不转

故障原因：链条脱落及两轴、轮损坏；升运器内有杂物。

排除方法：（1）调整或更换；（2）清除杂物。

（五）秸秆粉碎质量不好

故障原因：行距不合要求；传动带过松打滑；前进速度太快及地面不平；锤爪严重磨损。

排除方法：（1）改进行驶操作；（2）调紧传动带；（3）放慢前进速度；（4）更换锤爪。

（六）变速箱有杂音

故障原因：齿轮侧隙不合适；齿轮或轴承损坏；缺油。

排除方法：（1）调整侧隙为 0.15~0.35 mm；（2）更换齿轮或轴承；（3）加油。

（七）切碎器三角带磨损严重

故障原因：三角带长度不一致；三角带松紧度不当；摘辊间隙大。

排除方法：（1）调换三角带；（2）调整松紧度；（3）调整间隙。

二、马铃薯收获机常见故障及排除

（一）振动筛幅度变慢

振动筛幅度变慢会直接影响挖掘机的作业效率，甚至可能导致挖掘机的作业中断。造成振动筛幅度变慢的主要原因可能是齿轮损坏或振动机构故障。

具体排除步骤如下。

检查齿轮：首先，应对挖掘机的齿轮进行全面检查，查看是否有损坏或磨损的情况。如果发现齿轮有损坏或磨损，应及时更换新的齿轮。

检查振动机构：如果齿轮没有问题，那么接下来应检查振动机构。振动机构可能由于长期使用或者维护不当导致故障。检查振动机构的连接部分是否松动，振动电机是否工作正常。

检查变速箱：振动筛幅度变慢还可能与变速箱有关。检查变速箱的油位、油质是否正常，以及是否有异常的噪声或振动。如果变速箱有问题，应及时进行修理或更换。

紧固振动筛各机构：在检查完齿轮、振动机构和变速箱后，如果发现有松动的部分，应及时进行紧固。确保振动筛的各机构都牢固可靠，以提高振动筛的稳定性和工作效率。

通过以上步骤，可以有效地排除振动筛幅度变慢的故障，使挖掘机恢复正常作业。

（二）机器作业中伤薯率过大

机器作业中伤薯率过大是马铃薯挖掘机常见的故障之一，这会导致马铃薯的产量和质量下降，增加后期的处理成本。造成这一故障的主要原因是铲土刀入土深度过浅。

具体排除步骤如下。

调整铲土刀入土深度：应检查铲土刀的入土深度，如果发现入土深度过浅，应适当调整铲土刀的深度；增加铲土刀的入土深度，可以使挖掘机更好地挖掘马铃薯，减少马铃薯在挖掘过程中的损伤。

优化挖掘参数：除了调整铲土刀的入土深度外，还可以尝试优化挖掘机的其他参数，如挖掘速度、挖掘角度等，以进一步减少马铃薯在挖掘过程中的损伤。

注意马铃薯的生长情况：在调整挖掘参数的同时，还应注意马铃薯的生长情况。如果马铃薯生长过于密集或大小不均，可能会导致挖掘机在挖掘过程中难以区分马铃薯和土壤，从而增加伤薯率。因此，在种植马铃薯时，应注意合理密植和选择适合当地生长的品种。

参 考 文 献

[1] 张石, 刘晓志. 电工技术 [M]. 北京: 机械工业出版社, 2012.

[2] 柳咏芬. 现代农机运用技术 [M]. 北京: 中国农业大学出版社, 2019.

[3] 刘进辉, 刘英男. 农机使用与维修 [M]. 北京: 中国农业出版社, 2017.

[4] 余友泰. 农业机械化工程 [M]. 北京: 中国展望出版社, 1987.

[5] 吴海东, 周洪如. 农机电气技术与维修 [M]. 北京: 机械工业出版社, 2014.

[6] 胡光辉. 汽车电器设计构造与检修 [M]. 2 版. 北京: 机械工业出版社, 2011.

[7] 张芬莲, 袁平, 陈磊光. 常用农业机械使用与维修 [M]. 北京: 中国农业科学技术出版社, 2019.

[8] 涂同明. 水稻机械化插秧必读 [M]. 武汉: 湖北科学技术出版社, 2008.

[9] 荀银忠, 李杏桔. 农机技术指导 [M]. 北京: 中国农业科学技术出版社, 2011.

[10] 王兴旺, 李国库, 路耀明. 农机使用与维修 [M]. 北京: 中国农业科学技术出版社, 2020.

[11] 宫元娟. 常用农业机械使用与维修技术问答 [M]. 北京: 金盾出版社, 2010.

[12] 夏俊芳. 现代农业机械化新技术 [M]. 武汉: 湖北科学技术出版社, 2011.

[13] 耿端阳, 等. 新编农业机械学 [M]. 北京: 国防工业出版社, 2012.